中华人民共和国建设部

职业技能岗位标准
职业技能岗位鉴定规范
职业技能岗位鉴定试题库

污水化验监测工

中国建筑工业出版社

中华人民共和国建设部
职业技能岗位标准
职业技能岗位鉴定规范
职业技能岗位鉴定试题库

污水化验监测工

*

中国建筑工业出版社出版、发行（北京西郊百万庄）
各地新华书店、建筑书店经销
北京建筑工业印刷厂印刷

*

开本：787×1092毫米 1/32 印张：$5\frac{1}{4}$ 字数：115千字
2001年10月第一版 2014年7月第六次印刷
定价：**11.00**元
统一书号：15112·10117

版权所有 翻印必究
如有印装质量问题，可寄本社退换
（邮政编码 100037）

本社网址：http://www.cabp.com.cn
网上书店：http://www.china-building.com.cn

前言

为了促进建设事业的发展，加强建设部系统各行业的劳动管理，广泛开展职业技能岗位培训和鉴定工作，提高职工队伍素质，我们根据建设部印发的《建设行业职业技能标准》、《建设行业职业技能岗位鉴定规范》及各地工人学习、培训、鉴定工作的实际需要，组织编辑了《职业技能岗位标准、职业技能岗位鉴定规范及职业技能岗位鉴定试题库》系列丛书，按每个职业印刷成单行册。

每册的内容为职业技能岗位标准、职业技能岗位鉴定规范（包括职业技能鉴定规范、道德鉴定规范和工作业绩鉴定规范）及职业技能岗位鉴定试题库（包括理论部分和实操部分），全部内容按初、中、高设置。

各地区在使用过程中，严禁翻印。发现不妥之处，请提出宝贵意见。

建设部职业技能鉴定指导委员会
2001 年

目　录

关于颁发木工等 40 个《职业技能标准》的通知

关于颁发木工等 8 个《职业技能岗位鉴定规范》和《职业技能鉴定试题库》的通知

关于颁发管道工等 4 个职业的《职业技能岗位鉴定规范》和《职业技能鉴定试题库》的通知

关于颁发市政行业筑路工等 10 个工种的职业技能岗位鉴定规范和技能鉴定试题库的通知

第一部分　污水化验监测工职业技能岗位标准

一、初级污水化验监测工 ·················· 1

二、中级污水化验监测工 ·················· 2

三、高级污水化验监测工 ·················· 3

第二部分　污水化验监测工职业技能岗位鉴定规范

第一章　说明 ························ 4

第二章　岗位鉴定规范 ··················· 6

第一节　道德鉴定规范 ·················· 6

第二节　业绩鉴定规范 ·················· 6

第三节　技能鉴定规范 ·················· 7

一、初级工 ························ 7

二、中级工 ······················· 16

三、高级工 ······················· 27

第三部分 污水化验监测工职业技能岗位鉴定试题库

第一章 初级污水化验监测工 ·················· 37
第二章 中级污水化验监测工 ·················· 72
第三章 高级污水化验监测工 ················· 112

关于颁发木工等40个《职业技能标准》的通知

各省、自治区、直辖市建委（建设厅）：

根据近年来新技术、新工艺、新材料、新设备以及科学技术等方面情况的变化，按照《中华人民共和国工种分类目录》中所列的建设行业工种范围，我部组织对木工等40个工种的工人技术等级标准进行了修订，并根据目前的实际情况，更名为"职业技能标准，"本标准业经审定，现颁发试行。试行过程中的有关情况、问题和建议，请函告建设部人事教育劳动司。

原城乡建设环境保护部1988年和建设部1989年颁发的《土木建筑工人技术等级标准》JGJ 42—88、《安装工人技术等级标准》JGJ 43—88、《机械施工工人技术等级标准》JGJ 44—88、《建筑制品工人技术等级标准》JGJ 45—88、《市政工程施工、养护及污水处理工人技术等级标准》CJJ 18—88及CJJ 26—89中《电梯安装维修工工人技术等级标准》自新标准发布之日起停止使用。

中华人民共和国建设部
1996年2月17日

关于颁发木工等 8 个
《职业技能岗位鉴定规范》
和《职业技能鉴定试题库》的通知

各省、自治区、直辖市建委（建设厅）：

为贯彻实施《建设劳务资格鉴定和证书制度试行办法》，提高建设劳动者的素质，根据《工人考核条例》和《建设行业职业技能标准》，我们组织编制了木工等8个《职业技能岗位鉴定规范》和《职业技能鉴定试题库》，业经审查，现颁发试行，试行中的问题和建议，请告建设部人事教育劳动司。

中华人民共和国建设部

1996 年 2 月 17 日

关于颁发管道工等 4 个职业的《职业技能岗位鉴定规范》和《职业技能鉴定试题库》的通知

各省、自治区、直辖市建委（建设厅），计划单列市建委：

为认真贯彻实施《职业教育法》和《工人考核条例》以及建设部关于《全面实行建设职业技能岗位证书制度，促进建设劳动力市场管理的意见》，提高劳动者素质，根据建设系统职业技能标准，我们组织编制了管道工、通风工、工程安装钳工、安装起重工等 4 个职业的《职业技能岗位鉴定规范》和《职业技能鉴定试题库》，业经审定通过，现颁发试行。试行中的问题和建议，请函告建设部人事教育司。

中华人民共和国建设部
1998 年 7 月 20 日

关于颁发市政行业筑路工等 10 个工种的职业技能岗位鉴定规范和技能鉴定试题库的通知

建人教 [2001] 197 号

各省、自治区建设厅，直辖市建委，计划单列市建委，新疆生产建设兵团建设局：

为贯彻实施建设部关于《全面实行建设职业技能岗位证书制度，促进建设劳动力市场管理的意见》，提高劳动者素质，结合市政行业的发展状况和开展职业技能岗位培训与鉴定工作的需要，根据现行市政行业的职业技能岗位标准，我们组织编制了筑路工、道路养护工、下水道工、下水道养护工、污水处理工、污泥处理工、污水化验监测工、泵站操作工、沥青工、沥青混凝土摊铺机操作工等 10 个工种的岗位鉴定规范和技能鉴定试题库，业经审定通过，现颁发试行。试行中的有关问题和建议，请函告建设部人事教育司。

中华人民共和国建设部

2001 年 9 月 17 日

第一部分
污水化验监测工职业技能岗位标准

1. 专业名称：污水处理
2. 岗位名称：污水化验监测工
3. 岗位定义：使用水质检验仪器设备及水量测量仪器，对污水水质进行现场采样，检验分析。
4. 适用范围：污水测量、检验、分析。
5. 技能等级：设初、中、高三级。
6. 学徒期：两年。其中培训期一年，见习期一年。

一、初级污水化验监测工

知识要求（应知）

1. 化验室各项规章制度，安全技术操作规程，环境卫生要求。
2. 化验室常用设备、仪器、玻璃器皿、化学试剂、药剂等基本知识。
3. 了解一般分析化学基础知识。
4. 了解化验项目原理、操作方法、计算公式及单位换算。
5. 一般常用仪器设备的维护保养知识。
6. 化验室常用电器的特点和用电知识。
7. 掌握正确取水样方法和保存样品措施及污水监测的基本知识。

操作要求（应会）

1. 常用玻璃器皿的使用和洗涤。
2. 正确使用天平、pH计、分光光度计、滴定管等一般仪器。
3. 在指导下进行标准溶液的配制和标定。
4. 根据技术要求正确地取水样、泥样、气样并保存。
5. 计算化验结果，正确填写原始记录。
6. 按照质量控制要求用重量、容量、比色三种方法进行一般项目的分析。
7. 正确识别剧毒、易燃、易爆类危险品，并安全使用与管理。
8. 在现场进行一般的水质、水样测定。

二、中级污水化验监测工

知识要求（应知）

1. 了解工业废水、生活污水的主要成分和性质。
2. 掌握水质检测中质量保证的基本知识。
3. 分析化学及有机化学的一般理论知识。
4. 容量分析和仪器分析的理论知识，测定中产生误差的原因及校正方法。
5. 化学分析、仪器分析在化验工作中的应用知识。
6. 常规水质分析项目使用的设备、仪器的原理及调试方法。

操作要求（应会）

1. 熟练掌握常规分析项目，能判断化验结果的正确性、并找出偶然误差的原因，提出解决措施。
2. 掌握污水、污泥化验中预处理的操作技术。

3. 独立进行主要有毒物性质分析和水质、泥质、沼气的化学及常规仪器分析。
4. 独立配制、标定各种标准溶液并绘制标准曲线。
5. 按照有关方法,独立进行新化验项目的测定。
6. 常用仪器的使用、保养和一般检修及故障排除。
7. 根据水质特性,提出监测项目。

三、高级污水化验监测工

知识要求(应知)

1. 较系统地掌握分析化学、有机化学、水微生物学、水化学及数理统计、微机等仪器分析基本理论知识。
2. 熟悉化验质量的保证方法和化验管理知识。
3. 气相色谱、原子吸收、紫外线分光度计等专用精密仪器的基本构造、工作原理、技术性能。
4. 各种化验指标对污水处理的意义。
5. 了解目前国内外的新技术、新工艺、新材料、新设备推广应用情况。

操作要求(应会)

1. 主持化验室日常工作,复核化验结果,写出化验分析报告。
2. 在专业技术人员指导下,能进行污水化验新方法、新仪器的应用和开发。
3. 安装调试常用分析仪器,写出报告,投入使用。
4. 维护检修常用各种仪器设备,对化验分析中出现的疑难问题及时处理。
5. 根据化验结果,能提出改进生产运行的参考意见。
6. 对初、中级工示范操作,传授技能。

第二部分
污水化验监测工职业技能岗位鉴定规范

第一章 说 明

一、鉴定要求

1. 鉴定试题符合本职业岗位鉴定规范内容。
2. 职业技能鉴定分为理论考试和实际操作考核两部分。
3. 理论部分试题分为：是非题、选择题、计算题和简答题。
4. 考试时间：原则上理论考试时间为 2 小时，实际操作考核为 4~6 小时，两项考试均实行百分制。
5. 理论考试和实操考核成绩均达到 60 分以上为技能鉴定合格。技能鉴定与道德鉴定、业绩鉴定均合格视为岗位鉴定合格。

二、申报条件

1. 申请参加初级水平鉴定的人员须有初中毕业证书，经过相应的培训或从事该工种工作两年以上。
2. 申请参加中级水平鉴定的人员须有初级技术等级证书和高中毕业证书，并在初级岗位上工作三年以上。
3. 申请参加高级水平鉴定的人员须有中级技术等级证

书和高中毕业证书,并在中级岗位上工作五年以上。

三、考评员构成及要求

1. 理论考评员原则按每 15 名配一名（15:1）。
2. 操作考证员原则按每 5 名考生配一名（5:1）。
3. 考评员具有中级工以上或技术员以上职称；
4. 掌握本工种职业技能鉴定规范。

四、工具设备要求

1. 常用化验分析仪器设备和器具；
2. 常用化验分析试剂；
3. 各等级污水化验监测工的实习场所,化验分析实验室等。

第二章 岗位鉴定规范

第一节 道德鉴定规范

一、本标准适用于从事市政工程的所有初级工、中级工、高级工的道德鉴定。

二、道德鉴定在用人单位广泛开展道德教育的基础上,采取笔试或用人单位按实际表现鉴定的形式进行。

三、道德鉴定的内容主要包括,遵守宪法、法律、法规、国家的各项政策和各项技术安全操作规程及本单位的规章制度,树立良好的职业道德和敬业精神以及刻苦钻研技术的精神。

四、道德鉴定由用人单位负责,职业技能岗位鉴定站审核。考核结果分为优、良、合格、不合格。对笔试考核的,60分以下的为不合格,60~79分为合格,80~89分为良,90分以上为优。

第二节 业绩鉴定规范

一、本标准适用于从事市政工程的所有初级工、中级工、高级工的业绩鉴定。

二、业绩鉴定在加强用人单位日常管理和工作考核的基础上,针对所完成的工作任务,采取定量为主、定性为辅的形式进行。

三、业绩鉴定的内容主要包括,完成生产任务的数量和质量,解决生产工作中技术业务问题的成果,传授技术、经验的成绩以及安全生产的情况。

四、业绩鉴定由用人单位负责,职业技能岗位鉴定站审核,考核结果分为优、良、合格、不合格。对定量考核的,60分以下的为不合格,60~79分为合格,80~89分为良,90分以上为优。

第三节 技能鉴定规范

一、初级工

(一)技能鉴定规范的内容

项 目	鉴定范围	鉴定内容	鉴定比重	备 注
知识要求			100%	
基础知识25%	1.一般化学基础知识	(1)了解有机化学的入门知识	2%	了解
		(2)了解无机化学的入门知识	2%	了解
		(3)了解分析化学的入门知识	2%	了解
		(4)了解仪器分析的一般原理	2%	了解
	2.化验项目的原理,操作方法,计算公式及单位换算	(1)了解常用污水化验项目,BOD_5、COD、SS、硫化物、油类、TOC、温度等的原理	4%	了解
		(2)一般了解《污水排入城市下水道水质标准》CJ 18—86、《污水综合排放标准》GB8978—88中的污水分析项目	4%	一般了解
		(3)了解常用污水化验项目 BOD_5、COD、pH、SS、硫化物、油类、TOC、温度等的操作方法,计算公式及单位换算	4%	了解

7

续表

项 目	鉴定范围	鉴定内容	鉴定比重	备 注
基础知识25%		(4) 掌握法定计量单位的使用	2%	掌握
		(5) 掌握数据有效位数的使用	3%	掌握
专业知识60%	1. 化验室常用设备、仪器、玻璃器皿、化学试剂、药剂等的名称规格性能及用途	(1) 掌握化验常用设备或设施的应用	8%	掌握
		(2) 掌握各类玻璃器皿的名称规格及用途	8%	掌握
		(3) 了解主要基准物质的使用以及量值传递	5%	了解
		(4) 了解化学试剂的名称规格、性能及用途,并了解与基准物质的对比方法	5%	了解
	2. 一般常用仪器设备的维护保养知识	(1) 掌握一般的常用仪器设备的知识	5%	掌握
		(2) 掌握进行一般常用仪器的例行保养知识	5%	掌握
	3. 化验室各项规章制度安全技术操作规程,环境卫生要求	(1) 掌握化验室的各项规章制度,操作规程	3%	掌握
		(2) 掌握化验室的安全技术操作规程	3%	掌握
		(3) 了解化验室的环境要求和卫生要求	3%	了解
	4. 掌握正确取水样方法和保存样品措施	(1) 掌握在实验室的取水样方法和操作步骤	5%	掌握
		(2) 掌握在监测现场的取水样方法	5%	掌握
		(3) 掌握保存水样的温度酸碱度等方法	5%	掌握
相关知识15%	化验室常用电器的特点和用电知识	1. 了解一般的电工学知识	7%	了解
		2. 了解一般常用电器的操作步骤	8%	了解

续表

项目	鉴定范围	鉴定内容	鉴定比重	备注
操作要求			**100%**	
一、操作技能 60%	天平、pH计、分光光度计,溶解氧电极等一般简单仪器 1.仪器的使用和保养	(1)正确使用和保养天平	2%	掌握
		(2)正确使用保养pH计	2%	掌握
		(3)正确使用分光光度计并了解例行保养措施	2%	掌握
		(4)正确使用溶解氧仪,会保养电极	2%	掌握
		(5)正确使用其它的一般仪器	2%	掌握
	2.标准溶液的配制和标定	(1)所需标准溶液的等级	2%	了解
		(2)掌握标准溶液的配制方法	2%	掌握
		(3)了解标准溶液的具体标定步骤	2%	了解
		(4)在指导下进行标准溶液的配制和标定	4%	了解
	3.样瓶保存	(1)根据技术要求,正确的取水样和泥样,并能采取相应的保存措施	5%	掌握
		(2)根据技术要求,正确的取气样,并能采取措施,保质保量地进行保存	5%	掌握
	4.化验计算与记录填写	(1)填写各项原始记录	4%	掌握
		(2)化验数据计算正确	4%	掌握
		(3)了解有些常规化验项目数据的相关性	2%	了解

续表

项 目	鉴定范围	鉴定内容	鉴定比重	备 注
一、操作技能 60%	5.项目分析	（1）按照质量控制要求，会用重量法进行SS，油等分析	2.5%	掌握
		（2）按照质量控制要求，会用容量法进行CL，DO等分析	2.5%	掌握
		（3）按照质量控制要求，会用比色法进行一般项目 $NH_3\text{-}N$ 等分析	2.5%	掌握
		（4）了解实验室质量控制的要求	2.5%	了解
	6.能在现场进行一般的水质、水量测定	（1）能在现场进行一般的水质项目测定	5%	掌握
		（2）在指导下进行水量的测定操作（例如：流速仪法，容量法等）	5%	掌握
二、工具设备的使用与维护 25%	常用玻璃器皿的使用和洗涤	（1）熟悉常用玻璃器皿的规格用途	8%	熟悉
		（2）正确使用常用玻璃器皿	8%	掌握
		（3）洗涤以及存放常用玻璃器皿	4%	掌握
		（4）常用工具的使用和保护	5%	掌握
三、安全及其它 15%	危险品的识别，使用与管理	（1）正确识别剧毒、易燃易爆类危险品	5%	掌握
		（2）按要求使用和管理剧毒、易燃、易爆类危险品	5%	掌握
		（3）了解钢瓶等压力容器的使用规定	3%	了解
		（4）使用一般的消防器材	2%	基本掌握

（二）职业技能鉴定试题范例

理论部分（共 100 分）

1. 是非题（对的打"√"，错的打"×"，每题 1 分，共 25 分）

（1）为了节约试剂，每次试剂称量完毕后，多余试剂应倒回原试剂瓶中。　　　　　　　　　　　　　　（　　）

（2）将坩埚钳放在桌面上时，其尖头应朝上放置。

（　　）

（3）氧的原子量等于氧的质量数。　　　（　　）

（4）器皿的清洁与否，直接影响实验的效果。　（　　）

（5）当混合气体为一定量时，恒压下，温度变化时各组分的体积百分数是不变的。　　　　　　　　　（　　）

（6）国家颁布的分析方法标准水中 NH_3-N 测定方法是采用纳氏试剂比色法。　　　　　　　　　　　（　　）

（7）水体中的 BOD 值越高，水中溶解氧就越多，水质就越好。　　　　　　　　　　　　　　　　（　　）

（8）污水物理处理法只能去除污水中大部分悬浮物质，不能去除细小的悬浮颗粒和溶解的及胶态的物质。（　　）

（9）下列物质中，符合苯同系物通式的是 C_8H_{10}

（　　）

（10）比色分析的依据是物质对光的发射作用。（　　）

（11）氨和氯化铵可组成缓冲溶液。　　　（　　）

（12）正弦交流电中的三要素是有效值、频率和角频率。

（　　）

（13）对易挥发的物质需用密封加盖的容器称量。

（　　）

（14）氯仿的结构式为 CH_3Cl。　　　　（　　）

(15) 衡量灼烧完全的标准是恒重。（ ）

(16) 两性氧化物和两性氢氧化物都是既能跟酸反应，又能跟碱反应的化合物。（ ）

(17) 配制溶液结束后应及时盖盖，贴标签。（ ）

(18) 某物质完全燃烧后，生成物的总质量等于燃烧前该物质的质量。（ ）

(19) 分光光度计连续测定时间太长，应将仪器稍歇，再继续使用。（ ）

(20) 凡是均一的稳定的含两种或两种以上物质的液体叫做溶液。（ ）

(21) 酸碱中和生成盐和水，而盐水解又生成酸和碱，所以说酸碱中和反应都是可逆反应。（ ）

(22) 通式相同的不同物质一定属于同系物。（ ）

(23) 氧化剂使其他物质氧化时，本身被还原。（ ）

(24) 电流总是从电位高处流向电位低处。（ ）

(25) 以硫酸根离子沉淀钡离子时，加入适当过量的硫酸根离子可以使钡离子沉淀更完全。这是利用共同离子效应。（ ）

2. 选择题（把正确答案的序号填在各题横线上，每题1分，共25分）。

(1) 按 CJ 18—86，污水排入城市下水道标准，六价铬允许最高的浓度为_____。

A.0.5mg/L　B.1.0mg/L　C.2.0mg/L　D.5.0mg/L

(2) 按 CJ 18—86 污水排入城市下水道标准，悬浮物允许最高的浓度为_____。

A.100mg/L　B.400mg/L　C.500mg/L　D.1000mg/L

(3) 天平称量中得出称量结果的方法是_____。

A. 由天平盘中的砝码读出

B. 由砝码盒中的空位读出

C. 先根据砝码盒中的空位求出，再将砝码放入盒中的固定位置时再复核一遍

D. 上述几种方法都可以

（4）滴定管活塞中涂凡士林的目的是_____。

A. 堵漏

B. 使活塞转动灵活

C. 使活塞转动灵活的防止漏水

D. 都不是

（5）晶形沉淀的沉淀条件是_____。

A. 浓，搅，慢，冷，陈　　　B. 稀，快，热，陈

C. 稀，搅，慢，热，陈　　　D. 浓，快，冷，陈

（6）下列变化属于物理变化的是_____。

A. 潮解　　B. 水解　　C. 电解　　D. 分解

（7）某反应的离子方程式是 $Ba^{2+} + SO_4^{2-} = BaSO_4\downarrow$ 这是_____。

A. 化合反应　　　　　　B. 置换反应

C. 氧化-还原反应　　　　D. 复分解反应

（8）加酸或加碱都会使下列离子在溶液中的浓度变小的是_____。

A. HCO_3^-　　B. H^+　　C. NH_3^+　　D. AC^-

（9）三氯甲烷（$CHCl_3$）是甲烷的_____。

A. 同系物　　　　　　B. 同分异构体

C. 同素异形体　　　　D. 衍生物

（10）豆浆内加入_____会发生凝聚现象。

A. 蔗糖　　B. 水　　C. 硫酸钙　　D. 葡萄糖

（11）当氯气做漂白剂时，起漂白作用的是_____。
A. 水　　B. 盐酸　　C. 氯离子　　D. 次氯酸

（12）电路中任意两点电位的差值称为_____。
A. 电动势　　B. 电压　　C. 电位　　D. 电势

（13）配制浓度为 0.5mol/L 的盐酸 2L，需密度是 1.19g/cm³ 浓度为 36.5% 的盐酸的体积（L）是_____。
A. 1000/11.9　　　　　　B. 1/1.19
C. 1000/1.19　　　　　　D. 1/11.9

（14）下列物质中能使溴水褪色的是_____。
A. NaCl　　B. 稀硫酸　　C. H_2S　　D. Cl_2

（15）下列物质中能在空气中长期保存的是_____。
A. 氢硫酸　　　　　　B. 亚硫酸钠
C. 氢氧化钠　　　　　　D. 稀硫酸

（16）下列物质受热易分解的是_____。
A. NaOH　　B. NaCl　　C. Na_2CO_3　　D. $NaHCO_3$

（17）下列溶液中不能用磨口玻璃塞保存的是_____。
A. 浓硫酸　　　　　　B. 氯化钠溶液
C. 氢氧化钾溶液　　　　　　D. 硫酸钠溶液

（18）下列哪一个术语与过滤过程没有联系？_____
A. 溶质　　B. 残渣　　C. 滤液　　D. 沉淀

（19）常温下，在浓硝酸中最难溶的金属是_____。
A. Mg　　B. Al　　C. Zn　　D. Cu

（20）下列物质是纯净物的是_____。
A. 液氨　　B. 氨水　　C. 过磷酸钙　　D. 空气

（21）定量分析工作要求测定结果的误差_____。
A. 越小越好　　　　　　B. 等于零
C. 在允许误差范围之内　　　　　　D. 没有要求

(22) 下列物质水溶液能使紫色石蕊变红的是_____。
A. $NaHCO_3$　　　　　　　　B. $NaHSO_3$
C. $NaHSO_4$　　　　　　　　D. Na_2SO_4
(23) 下列物质属于化合物的是_____。
A. 氧气　　　　　　　　B. 空气
C. 碳酸氢铵　　　　　　D. 硫磺
(24) 实验室中用以保干仪器的 $COCl_2$ 变色硅胶,变为_____时表示已失效。
A. 红色　　B. 蓝色　　C. 黄色　　D. 绿色
(25) 实验室中常用的铬酸洗液是由_____配制的
A. 铬酸钾和浓硫酸　　　　B. 铬酸钾和浓盐酸
C. 重铬酸钾和浓盐酸　　　D. 重铬酸钾和浓硫酸

3. 计算题(20分)
(1) 按照有效数字规则计算
$$1.54 \times 6.1248 / 3.3$$
(2) 欲配 10% NaCl 溶液 500g,如何配制?

4. 简答题(30分)
(1) 测定氯化物时用何指示剂?终点颜色如何判断?
(2) 全自动电光分析天平的精度是多少?二次称量的最小误差是多少?
(3) 分光光度法测定必须注意的三个要素是什么?
(4) pH 的定义是什么?
(5) 什么是准确度?
(6) 对仪器设备应实行标志管理,有哪三种?各代表什么含义?

实际操作部分(100分)
题目:碘量法测定溶解氧

考核项目及评分标准

序号	操作内容	满分	扣分	得分
1	样品的正确取样法	15		
2	瓶内是否有气泡	5		
3	加药品顺序,方法,数量准确	15		
4	滴定熟练,掌握滴定终点好	15		
5	滴定前后读数正确,及时记录	10		
6	公式及计算结果正确	10		
7	15min内完成上述操作	10		
8	安全操作	10		
9	写出反应方程式	10		
10	合计	100		

二、中级工

(一)职业技能鉴定规范的内容

项目	鉴定范围	鉴定内容	鉴定比重	备注
知识要求			100%	
基础知识25%	1.工业废水、生活污水的主要成分和性质	(1)了解工业废水、生活污水的性质以及它们的主要区别	5%	了解
		(2)了解本地区污水的主要成分	5%	了解
	2.分析化学及有机化学的一般理论知识	(1)了解化学一般知识	5%	了解
		(2)熟悉分析化学的一般理论知识	5%	熟悉
		(3)掌握《污水排入城市下水道水质标准》CJ 18—86《污水综合排放标准》GB8978—88中的污水分析项目	5%	掌握

续表

项　　目	鉴定范围	鉴定内容	鉴定比重	备　注
专业知识60%	1.掌握水质检测中质量保证的基本知识	（1）了解水质检测中《质量保证手册》或质保要求的内容	4%	了解
		（2）掌握水质检测中，质保的循环和流转	4%	掌握
		（3）了解水质检测中的质保措施	4%	了解
	2.容量分析和仪器分析的理论知识，测定中产生误差的原因及校正方法	（1）了解数据修约法的一般知识	4%	了解
		（2）了解常规项目中有关容量分析和简单仪器分析的有关理论知识	4%	懂
		（3）了解产生误差的原因及校正方法	4%	
	3.化学分析、仪器分析在化验工作中的应用知识	（1）了解化学分析、仪器分析在化验工作中的应用知识	4%	了解
		（2）熟悉常规污水化验项目所应采取的化验方法	4%	熟悉
		（3）了解有些化验项目的预处理方法	4%	了解
	4.常规水质分析项目使用的设备、仪器的原理及调试方法	（1）了解常规水质分析项目的设备、仪器的原理	5%	了解
		（2）调试常规水质分析项目所用的设备仪器	6%	掌握
		（3）了解常规水质分析项目所使用的设备仪器的工作条件	5%	了解
	5.现场监测基本知识	掌握现场监测的基本知识	8%	掌握

续表

项 目	鉴定范围	鉴定内容	鉴定比重	备 注
相关知识15%		(1)污水水质对污水处理和输送的影响	5%	了解
		(2)计算机的一般知识	5%	了解
		(3)掌握一般电工学知识	5%	掌握
操作要求			100%	
操作技能60%	1.常规项目的分析	(1)熟练掌握常规项目的分析测定	4%	熟练掌握
		(2)分析化验结果误差的原因	2%	掌握
		(3)根据数据修约法,对有关化验数据进行修正	4%	掌握
		(4)常规化验项目中,了解有关项目之间的相关性	2%	了解
	2.污水、污泥化验中预处理的操作技术	(1)正确掌握污水、污泥化验中预处理操作技术	5%	正确掌握
		(2)掌握污水、污泥留样保存技术	5%	掌握
	3.主要有毒物和水质、泥质、沼气的化学及常规仪器分析	(1)独立进行 $S^2 Ar^{OH}$ CN^- 等的性质分析	3%	掌握
		(2)水质、泥质、沼气的化学及常规仪器分析,操作一般气体分析方法	3%	掌握
		(3)能较熟练的判别污水中含有的主要成分,掌握稀释倍数	4%	掌握

续表

项 目	鉴定范围	鉴定内容	鉴定比重	备 注
操作技能60%	4.配制并标定各种标准溶液并绘制标准曲线	(1)独立配制标定各种标准溶液,并绘制相应标准曲线	5%	掌握
		(2)掌握标准试剂的规格和种类	5%	掌握
	5.新化验项目的测定	能依据有关方法,独立进行新化验项目的测定	8%	掌握
	6.水质检测	(1)根据水质特性,提出监测项目	5%	掌握
		(2)根据水质特性,进行pH等水质测定或定性分析并发出整改意见	5%	掌握
工具设备的使用与维护25%		(1)指导初级工使用玻璃器皿	10%	掌握
		(2)对一般简单仪器设备进行例行保养	15%	掌握
安全及其它15%	消防设施及化学试剂	(1)压力容器的正确使用	5%	掌握
		(2)使用一般的消防设施	5%	掌握
		(3)化学试剂的管理	5%	掌握

(二)职业技能鉴定试题范例

理论部分(共100分)

1.是非题(对的打"√",错的打"×",每题1分,共25分)

(1)淀粉溶液不同于食盐溶液,它具有丁达尔现象。

( )

(2)对某一特定的可逆反应,只要其它条件不变,不论是否使用催化剂,反应达到平衡时各物质的浓度总是一定的。( )

(3)在中和滴定实验中,滴定管洗净后,未用标准液润洗就盛装标准液进行滴定,这会使待测溶液的浓度偏高。( )

(4)碳和硅是同主族元素,它们的最高价氧化物的性质必然相似。( )

(5)耐压300V的电容器能在有效值为220V的交流电压下安全工作。( )

(6)氯化铁溶液滴入苛性钠溶液中,能产生丁达尔现象。( )

(7)$KMnO_4$用$Na_2C_2O_4$来标定,加1:3H_2SO_4 5mL,滴定时温度控制在70~80℃为宜。( )

(8)CJ 18—86中一般规定,严禁排入腐蚀下水道设施的污水。( )

(9)CJ 18—86中规定氰化物最高允许排入城市下水道的浓度为0.1mg/L。( )

(10)铅及其无机化合物,以单位排水口的抽检浓度为准。( )

(11)国标GB 8978—88中规定苯胺类测定方法为纳氏试剂比色法。( )

(12)工业废水主要是指由工厂及企业排出的水。( )

(13)建立控制图的目的之一是建立数据置信限的基础。( )

(14) 不好的分析结果只可能由试剂污染引起的。
( )
(15) 水样中测定 NO^- 的预处理法为絮凝沉淀法。
( )
(16) 分光光度计应放置在阳光直射的地方。 ( )
(17) 容量瓶的校准，预校准的量瓶不需要洗净干燥。
( )
(18) 在磁场中放入小磁针，它的 N 极指向可以认为是该磁场的磁感应强度的方向。 ( )
(19) 基准物质即是用来标定标准溶液浓度的纯物质。
( )
(20) 6mol/L 盐酸溶液配制，是将浓盐酸用等体积的水稀释。 ( )
(21) 对易发生化学反应的药品，可放在一起保存。
( )
(22) 苯酚属于酸碱两性化合物。 ( )
(23) 人误服重金属盐，解毒急救可采用服用大量水。
( )
(24) 淀粉遇碘水变蓝。 ( )
(25) 功率大的用电器一定比功率小的用电器消耗的电能多。 ( )

2. 选择题（25 分）（将正确答案的序号写在横线上，每题 1 分，共 25 分）。

(1) 属于消去反应的是_____。

A. 乙醇 + 浓硫酸 $\xrightarrow{140℃}$ B. 乙醇 + 浓硫酸 $\xrightarrow{170℃}$

C. C_2H_5Cl + 氢氧化钠 $\xrightarrow[\triangle]{醇}$ D. C_2H_5Cl + 水 $\longrightarrow$

（2）下列各组化学试剂，可以鉴别装在不同容器里的乙烯，甲苯和丙醛的是_____。

A. 银氨溶液和溴　　　　　　B. 高锰酸钾和溴

C. 三氯化铁溶液和银氨溶液　D. 银氨溶液和高锰酸钾

（3）下列有机化合物中，即可作防冻剂，又可作炸药的是_____。

A. 三硝基甲苯　　B. 苯　　C. 乙二醇　　D. 丙三醇

（4）在光度分析中，常出现工作曲线不过原点的情况，下述说法中不会引起这一现象的是_____。

A. 测量和参比溶液所用比色皿不对称（即两者透光度相差太大）

B. 参比溶液选择不当

C. 显色反应的灵敏度太低

D. 前三个都不是

（5）在配制高锰酸钾标准溶液时，煮沸高锰酸钾溶液的目的是_____。

A. 杀菌

B. 赶走二氧化碳

C. 加速高锰酸钾与还原剂反应

D. 为了使高锰酸钾溶解

（6）滴定进行中的正确方法是_____。

A. 眼睛应看着滴定管中液面下降的位置

B. 应注视被滴定溶液中指示剂颜色的变化

C. 应注视滴定管是否漏液

D. 应注视滴定的流速

（7）六次甲基四胺（$PK_b = 8.85$）配成缓冲溶液的pH缓冲范围是_____。

A.8~10　　B.4~6　　C.6~8　　D.1~3

(8) 下列论述中错误的是_____。

A. 方法误差属于系统误差

B. 系统误差又称可测误差

C. 系统误差呈正态分布

D. 都错了

(9) 下述情况，使分析结果产生负误差的是_____。

A. 用盐酸标准溶液滴定碱时，滴定管内壁挂水珠

B. 用于标定溶液的基准物质吸湿

C. 用于标定溶液的基准物质称好后，洒掉了一小点儿

D. 测定 $H_2C_2O_4 \cdot 2H_2O$ 摩尔质量时，$H_2C_2O_4 \cdot 2H_2O$ 失水

(10) 属于离子晶体的是_____。

A. 晶体硅　　B. 干冰　　C. 食盐　　D. 玻璃

(11) 下列离子中还原性最强的是_____。

A. Br^-　　B. Cl^-　　C. F^-　　D. Na^+

(12) 下列属于离子晶体的是_____。

A. 溴化钠　　B. 干冰　　C. 石墨　　D. 金属钠

(13) 在室温下干燥的空气中，纯碱晶体逐渐变为粉末，这种现象是_____。

A. 干馏　　B. 潮解　　C. 风化　　D. 挥发

(14) 除去含有碳酸氢钙的硬水的硬度，所加试剂为_____。

A. 稀盐酸　　　　　　B. 稀硫酸

C. 石灰水　　　　　　D. 通入过量二氧化碳

(15) 可用来除铁锈的物质有_____。

A. 烧碱　　B. 水　　C. 稀硫酸　　D. 氨水

(16) 国际单位制的导出单位有_____。
A.2个　　B.7个　　C.15个　　D.19个
(17) 国际单位制的辅助单位有_____。
A.19个　　B.15个　　C.7个　　D.2个
(18) pH＝2的溶液比pH＝6的溶液的酸性高_____。
A.4倍　　B.12倍　　C.10000倍　　D.8倍
(19) 氮气钢瓶颜色为_____。
A. 蓝色　　B. 绿色　　C. 灰色　　D. 黑色
(20) 物质的颜色是由于选择性地吸收了白光中的某些波长的光所致。硫酸铜溶液呈现蓝色是由于它吸收了白光中的_____。

A. 蓝色光波　　　　　　B. 绿色光波
C. 黄色光波　　　　　　D. 紫色光波

(21) 异步电动机正常工作时，电源电压变化对电动机的正常工作_____。

A. 没有影响　　　　　　B. 影响很小
C. 有一定影响　　　　　D. 影响很大

(22) 与缓冲溶液的缓冲容量大小有关的因素是_____。

A. 缓冲溶液的pH范围　　B. 缓冲溶液的总浓度
C. 外加的酸量　　　　　D. 外加的碱量

(23) 人体血液的pH值总是维持在7.35～7.45。这是由于_____。

A. 人体内含有大量的水分
B. 血液中的碳酸氢根离子和碳酸起缓冲作用
C. 血液中含有一定量的钠离子
D. 血液中含有一定量的氧气

(24) 在滴定分析中，一般利用指示剂颜色的突变来判断等当点的到达，在指示剂变色时停止滴定。这一点称为_____。

A. 等当点　　　　　　B. 滴定分析
C. 滴定　　　　　　　D. 滴定终点

(25) 在分光光度法中，宜选用的吸光度读数范围为_____。

A. 0～0.2　　　　　　B. 0.1～0.3
C. 0.3～1.0　　　　　D. 0.2～0.7

3．计算题（20 分）

(1) 计算下面这一组测量值的平均值（$\overline{X}$），平均偏差（$\overline{d}$），

相对平均偏差（$\overline{d}\%$）。55.51，55.50，55.46，55.49，55.51

(2) 计算 0.01M NaHCO$_3$ 溶液的 pH 值。

（已知：$K_{a1}=4.2\times10^{-7}$，$K_{a2}=5.6\times10^{-11}$）

4．简答题（30 分）

(1) 常压蒸馏应注意哪些问题？

(2) 测定水中总铬的前处理中，要加入高锰酸钾、亚硝酸钠和尿素，它们的加入顺序如何？各起什么作用？

(3) 水污染对人体危害有哪三种情况？

(4) 什么是混合物？

(5) 实施环境监测质量保证的目的何在？在环境监测工作中对监测结果的质量有什么要求？

(6) 什么是实验室内的质量控制工作？

实际操作部分（100 分）
题目：氨氮的测定

考核项目及评分标准

序　号	操作内容	满　分	扣　分	得　分
1	氨氮标准溶液充分摇匀	6		
2	用标准溶液洗吸管三次	5		
3	看吸管刻度保持视线水平	4		
4	用滤纸擦吸管外壁	4		
5	将所吸标准溶液用水稀至约45mL	4		
6	加掩蔽剂和显色剂	8		
7	显色时间	4		
8	用水定容至50mL后摇匀	4		
9	仪器调零及满度，选波长	8		
10	校准比色皿	4		
11	至少测6点浓度（包括空白）	4		
12	倾入溶液为皿的2/3	3		
13	注意比色皿方向性	3		
14	正确读出吸光值，及时记录	5		
15	仪器复原	4		
16	测定已知样结果	10		
17	曲线线性	10		
18	安全操作	5		
19	按时完成（1小时）	5		
20	合计	100		

三、高级工

(一) 职业技能鉴定规范的内容

项 目	鉴定范围	鉴定内容	鉴定比重	备 注
知识要求			100%	
基本知识25%	1. 化学基础知识	(1) 掌握分析化学、有机化学的基础知识	5%	掌握
		(2) 掌握微生物学的基本知识以及意义	5%	掌握
	2. 仪器和微机的基本知识	(1) 能应用有关数据修约法	5%	掌握
		(2) 了解微机操作的基本知识	5%	了解
		(3) 掌握仪器分析的基本知识	5%	掌握
专业知识60%	1. 化验的质量的保证和管理知识	(1) 掌握水检测中《质量保证手册》或质保要求的内容	10%	掌握
		(2) 掌握水质检测中质保措施	10%	掌握
		(3) 管理小型化验室的一般知识(例如:项目的分配等)	10%	掌握
	2. 专用的精密仪器	(1) 了解气相色谱、原子吸收、紫外线分光光度计等专用精密仪器的基本构造,工作原理、技术性能	10%	了解
		(2) 了解以上仪器的基本操作规程及环境要求	10%	了解
		(3) 了解操作中应急的一般措施	10%	了解

续表

项 目	鉴定范围	鉴定内容	鉴定比重	备 注
相关知识15%	1.各种化验指标对污水处理和污水监测的意义	（1）懂得各种化验指标对污水处理的意义	3%	了解
		（2）了解各种化验指标对监测的意义	3%	了解
		（3）现场监测常用指标的应用	5%	了解
	2.新技术、新工艺、新材料、新设备推广应用情况	（1）一般了解目前国内外的新技术、新工艺、新材料、新设备推广应用情况	2%	一般了解
		（2）了解实验设备的相应配套情况	2%	了解
操作要求			100%	
操作技能60%	1.复核化验结果，写出分析报告	（1）熟悉化验室的日常工作，包括项目的分配复核结果，出化验分析报告	5%	熟悉
		（2）熟悉化验室药品购置设备器皿添置等工作	5%	熟悉
	2.新技术的推广应用	在专业技术人员指导下，参与污水化验新方法、新仪器的应用和开发	8%	基本掌握
	3.常用仪器的安装调试	安装调试一般常用仪器，写出调试报告并投入使用	8%	掌握
	4.常用各种仪器设备的维护和疑难问题的处理	（1）会维护各种常用仪器设备	3%	掌握
		（2）对化验分析中出现的疑难问题及时处理	2%	
		（3）能根据化验结果，提出改进生产运行的参考意见	5%	掌握

续表

项　目	鉴定范围	鉴定内容	鉴定比重	备　注
操作技能 60%	5.技术传授和考核	对初、中级化验人员进行技术传授和考核	4%	基本掌握
	6.高精密仪器的操作	（1）能操作难度较高的精密仪器	8%	
		（2）能配制所需的标准	6%	掌握
		（3）能独立进行样品的预处理	6%	掌握
工具设备使用与维护 25%		（1）一般仪器的维护和保养	10%	掌握
		（2）精密仪器的列行保养	15%	掌握
安全及其它 15%	环境和安全设施	（1）能指导中、初级人员使用实验室消防设施	5%	掌握
		（2）能熟悉各种项目的实验室环境要求	5%	熟悉
		（3）处理实验室的突发事故	5%	

（二）技能鉴定试题范例

理论部分（共 100 分）

1．是非题（对的打"√"，错的打"×"，每题 1 分，共 25 分）

（1）分析测试中质量保证的目的之一是提供统计学基础以作出评价。　　　　　　　　　　　　　　（　）

（2）两位化验员同时测定一批 100～200mg/L 的 COD

标准溶液,结果均相差 0.6mg/L 左右,其误差是恒定的个人误差。( )

(3) 对某一分析方法来说,精密度要求越高,测定下限高于检测越多,则测定上限高于检测限越多。( )

(4) 钢瓶应远离热源放置。( )

(5) 电器起火时,应先切断电源。( )

(6) 清洁器皿和往下水道倒废料时,以及往大气中排放气体时,都应想到污染问题,尽量避免污染环境。( )

(7) 一个反应的 ΔG 数值越负,其自发进行的倾向越大,反应速度越快。( )

(8) 盐都是离子化合物。( )

(9) 原子形成共价键的数目,等于气态原子的未成对的电子数。( )

(10) 0.2mol/L 的 HAC 溶液中的氢离子浓度是 0.1mol/L HAC 溶液中氢离子浓度的两倍。( )

(11) 计量是带有法制性的,保证单位统一和量值的准确可靠的测量。( )

(12) 计量检定工作是包括周期检定和辅助检定。
( )

(13) 原子吸收分光度计中喷雾-燃烧器应有良好的耐腐蚀性 ( )

(14) 计算机在分析化学中的应用,是计算机科学,数字和分析化学知识相结合的产物。( )

(15) 联机计算机系统与脱机计算机系统的主要差别在于分析仪器与计算机之间有了直接的通讯线____电子接口
( )

(16) 在质量控制图中如遇有 7 点连续下降或上升时,

表示测定有失控的趋势。（ ）

（17）如果烃中有相同的各元素的质量百分比，也不一定是同一种烃。（ ）

（18）苯只能在催化剂作用下与纯溴反应，而苯酚在一般条件下就能与溴水反应。（ ）

（19）通电线圈在磁场中的受力方向，可以用左手定则判别，也可以用楞次定律判别。（ ）

（20）放大器平时用图解分析法的最大优点是精确。（ ）

（21）碳酸氢钠中含有氢，故其水溶液呈酸性。（ ）

（22）纯水中氢离子和氢氧根离子的浓度（单位：mol/L）相等。（ ）

（23）在分光光度计中，石英比色皿适用于紫外光区。（ ）

（24）离子选择性电极测定的是离子的浓度。（ ）

（25）在光谱定量分析法中，发射光谱法没有应用到比耳定律。（ ）

2. 选择题：（将正确答案的序号写在本题横线上，每题1分，共25分）

（1）气相色谱中分离度 R 取_____时，两组分恰好完全分离。

A. 0.95　　B. 1.0　　C. 1.5　　D. 1.9

（2）火焰原子吸收法往往需要控制气体的行程速度（V）和火焰的燃烧速度（S），当_____时，火焰才能稳定燃烧。

A. V 大于等于 S　　　　B. V 远远大于 S
C. V 小于 S　　　　　　D. V 远远小于 S

(3) 欲将两组测定结果进行比较，看有无显著差异，则应当用_____。

A. 先用 t 检验后用 F 检验
B. 先用 F 检验后用 t 检验
C. 先用 Q 检验再用 t 检验
D. 先用 t 检验再用 Q 检验

(4) 二甲橙适用的 pH 范围约为_____。

A. <6   B. 7~8   C. 9~10   D. >11

(5) 不溶于浓氨水的是_____。

A. 溴化银   B. 氯化银   C. 氟化银   D. 碘化银

(6) 人们非常重视高层大气中的臭氧，因为它_____。

A. 能吸收紫外线   B. 有消毒作用
C. 有毒性   D. 有漂白作用

(7) 矿物中痕量金属的定量分析叫_____。

A. 紫外光谱法   B. 核磁共振法
C. 质谱法   D. 原子吸收光谱法

(8) 下列试剂中_____能把铁离子从铝离子中分离出来。

A. KCNS   B. $NH_3 \cdot H_2O$
C. NaOH   D. $(NH_4)_2CO_3$

(9) 惠斯登电桥是测量_____电性质的。

A. 迁移数   B. 电感   C. 电压   D. 电阻

(10) 测定汞一般采用_____。

A. 冷原子吸收法   B. 滴定法
C. 重量法   D. 比色法

(11) 制备无氨水，向水中加硫酸至 pH 为_____，蒸馏后即得。

A. 大于10   B. 10~8   C. 6~4   D. 小于2

(12) 某元素位于周期表中第三周期，以下的判断_____是正确的。

A. 该元素原子有三个价电子
B. 该元素原子核外有3个电子层
C. 该元素原子有3种电子亚层
D. 该元素原子有3个电子轨道

(13) 互为同分异构体的一对物质是_____。

A. 淀粉和纤维素　　　B. 蔗糖和麦芽糖
C. 氯乙烯和聚氯乙烯　D. 乙醇和乙醚

(14) 某交流电路已知电压的初相为245°，电流初相为负23°，电压与电流的相位点是_____。

A. 电压超前电流268°　B. 电流超前电压222°
C. 电压超前电流92°　 D. 电压滞后电流92°

(15) 安装全波整流电路时，若误将任一只二极管接反了，产生的后果是_____。

A. 输出电压是原来的一半
B. 输出电压的极性改变
C. 只有接反的二极管烧毁
D. 可能两只二极管均烧毁

(16) 下列做法中_____是正确的。

A. 把乙炔钢瓶放在操作时有电弧和火花发生的实验室里
B. 在使用玻璃电极前，将其在纯水中浸泡过夜
C. 在电烘箱中蒸发盐酸
D. 把耗电在2kW以上的设备接在照明用电上

(17) 液-液萃取分离法，其萃取过程是_____。

A. 将物质由疏水性转变为亲水性

B. 将水合离子转化为络合物

C. 将物质由亲水性转变为疏水性

D. 将水合离子转化为溶于有机试剂的沉淀

（18）离子交换的亲和力是指_____。

A. 离子在离子交换树脂上的吸附力

B. 离子在离子交换树脂上的交换能力

C. 交换树脂对离子的选择性吸收

D. 交换树脂对离子的渗透能力

（19）放大器接入负载后，电压放大倍数会_____。

A. 下降　　　　B. 增大

C. 不变　　　　D. 有时增大，有时减小

（20）原子光谱来源于_____。

A. 原子的次外层电子在不同能级之间的跃迁

B. 原子的外层电子在不同能级之间的跃迁

C. 原子核的转动

D. 原子核的振动

（21）在火焰原子化法中，影响谱线半宽度的主要因素_____。

A. 原子无规则的热运动

B. 吸收原子与外界气体分子间相互碰撞

C. 同种原子相互碰撞

D. 自吸现象

（22）原子吸收的定量方法——标准加入法，清除了下列_____干扰。

A. 分子吸收　　B. 背景吸收

C. 基本效应　　D. 光散射

（23）空心阴极灯的主要操作参数是_____。
A. 灯电压　　　B. 灯电流
C. 阴极温度　　D. 内充气体压力

（24）下列_____物质中分子相距最远。
A. 水，固态　　B. 水，液态
C. 溴，液态　　D. 溴，气态

（25）冷原子吸收法测定废水中汞含量时，为了把有机汞转变成无机汞，水样需要经过消化，所用的消化剂是_____。

A. 浓 H_2SO_4　　　B. $KMnO_4$
C. 浓 HNO_3　　　D. 浓 $H_2SO_4 + KMnO_4$

3．计算题（20分）

（1）我们测得一组数据如下表所示：

测得值　30.18　30.56　30.23　30.35　30.32

从上表中可知 30.56 为可疑值，判断其是否要舍弃？

（2）含 I_2 的水溶液 10mL，其中含 I_2 1.00mg。用 9mL CCl_4 按下述两种方式萃取：（1）9mL 一次萃取；（2）每次用 3mL，分三次萃取。分别求出水溶液中剩余的 I_2 量，并比较其萃取率。

已知：

$$分配比\ D = \frac{C_{I_2 有}}{C_{I_2 水}} = 85$$

4．简答题（30分）

（1）污水厂水质指标有什么用途？

（2）用火焰原子吸收法测定废水中金属元素，如何检查是否存在基体干扰。

（3）什么是紫外分光光度法？

(4) 减少随机误差有哪三种办法?

(5) 写出校准曲线的线性回归方程的数学表达式。与此方程有关的 a、b、r、s 值各表示什么含义?

(6) 灵敏度指的是什么?用什么来描述?

实际操作部分（100 分）

题目：用火焰原子吸收光谱法测锌

考核项目及评分标准

序号	操作内容	满分	扣分	得分
1	使用器具的预处理	3		
2	根据水样浓度，确定取样量	5		
3	取样，摇匀，精确	2		
4	预处理：（1）浓缩（4分）；（2）消化（4分）；（3）两次加酸的正确率（4分）；（4）溶解过滤（4分）；（5）定容（4分）	20		
5	仪器操作严格按制造厂提供的操作手册进行。选择测定条件	15		
6	配制相应的标准溶液系列	10		
7	仪器用空白调零，等待仪器的零点稳定	10		
8	做工作曲线，曲线线性	10		
9	测已预处理过的样品，结果	10		
10	钢瓶气体的正确使用	5		
11	安全操作	5		
12	按时完成	5		
13	合　　计	100		

监考者　　　　　日期

第三部分
污水化验监测工职业技能岗位鉴定试题库

第一章 初级污水化验监测工

理论部分

(一)是非题(对的打"√",错的打"×",答案写在每题括号内)

1. 为了节约试剂,每次试剂称量完毕后,多余试剂应倒回原试剂瓶中。 (×)

2. 器皿的清洁与否,直接影响实验的效果。 (√)

3. 1mol 的电子的质量是 $548.60\mu g$,共有 $6.02\times 10E+23$ 个电子。 (√)

4. 对特殊保护水域,指国家 GB3838—88《地面水环境质量标准》Ⅰ、Ⅱ类水域,如国家划定的重点风景名胜区等水体中,可新建排污口。 (×)

5. 水体中的 BOD 值越高,水中溶解氧就越多,水质就越好。 (×)

6. 一般城市污水 CODcr>BOD_5。 (√)

7. 0.100N 的 NaOH 标准溶液 50mL,含有 0.2gNaOH。 (√)

8. 比色分析的依据是物质对光的发射作用。 (×)

9. 化验室安全生产应注意防毒、防火、防爆。 (√)

10．我国化学试剂中分析纯试剂的标签为绿色。　（×）

11．对易挥发的物质需用密封加盖的容器称量。　（√）

12．丙酮的结构式为 $CH_3-\underset{\underset{O}{\|}}{C}-CH_3$　（√）

13．酸式盐是指溶于水呈酸性的一类盐。　（×）

14．两性氧化物和两性氢氧化物都是既能跟酸反应，又能跟碱反应的化合物。　（√）

15．凡含有氧元素的化合物就是氧化物。　（×）

16．镁条在空气中燃烧，生成物的质量比燃烧前镁条的质量增加了，这是不符合质量守恒定律的。　（×）

17．分光光度计连续测定时间太长，应将仪器稍歇，再继续使用。　（√）

18．含有水的晶体，叫做结晶水合物，这种说法是不正确的。　（√）

19．溶液中如果存在有离子，这溶液也不一定是电解质的水溶液。　（√）

20．通式相同的不同物质一定属于同系物。　（×）

21．如果被吸附的杂质和沉淀具有相同的晶体，这就形成表面吸附。　（×）

22．以硫酸根离子沉淀钡离子时，加入适当过量的硫酸根离子可以使钡离子沉淀更完全。这是利用共同离子效应。　（√）

23．滴定时发现过量一滴溶液，只要在总体积中减去0.04mL，就可以不影响结果。　（×）

24．将坩埚钳放在桌面上时，其尖头应朝上放置。（√）

25．氧的原子量就是一个氧原子的质量。　（×）

26．每一种指示剂都在一定的pH范围内变色，这就是

指示剂的变色间隔。（√）

27．当混合气体为一定量时，恒压下，温度变化时各组分的体积百分数是不变的。（√）

28．国家颁布的分析方法标准中大肠菌群数测定方法是采用发酵法。（√）

29．耗氧量（OC）比化学需氧量（COD）更彻底反映污水中的有机物数量。（×）

30．污水物理处理法只能去除污水中大部分悬浮物质，不能去除细小的悬浮颗粒和溶解的及胶态的物质。（√）

31．测定 BOD_5 时，$Na_2S_2O_3$ 当天与5天用量差宜在 $0\sim10\%$ 范围内。（×）

32．化验室安全生产应注意防触电，防腐蚀。（√）

33．氨和氯化铵可组成缓冲溶液。（√）

34．我国化学试剂中化学纯的标签为蓝色。（√）

35．对易腐蚀的物质需用密闭加盖的容器称量。（√）

36．氯仿的结构式为 CH_3Cl。（√）

37．水分子是由一个氧元素和二个氢元素构成的。（×）

38．在化学变化中，分子可以分解为原子，而原子则不会再变成更小的微粒。（√）

39．配制溶液结束后应及时盖盖，贴标签。（√）

40．对用过的玻璃或瓷器皿，一定要洗刷干净。（√）

41．因为 Cl 的非金属性比 S 的强，所以含氧酸的酸性是 $HClO>H_2SO_4$。（×）

42．凡是均一的稳定的含两种或两种以上物质的液体叫做溶液。（√）

43．凡是能与银氨溶液发生银镜反应，一定是醛。（×）

44．一种有机物燃烧后生成 CO_2 和 H_2O，所以它的组成

里一定有碳,氢,氧三种元素。　　　　　　　　　(×)

45．氧化剂使其他物质氧化时,本身被还原。　(√)

46．滴定时,第一次用去 23.02mL 标准溶液,因此在滴定第二份试样时可以从 23.02mL 处开始继续滴定。(×)

47．过滤高锰酸钾溶液时,不可以采用滤纸过滤。(√)

48．氧的原子量等于氧的质量数。　　　　　　　(×)

49．我国化学试剂中的优级纯的标签颜色是红色的。

(×)

50．"物质的量"是一个基本物理量。　　　　　(√)

51．国家颁布的分析方法标准水中 NH_3-N 测定方法是采用纳氏试剂比色法。　　　　　　　　　　　　　(√)

52．测定溶解氧时,应将小气泡留在水中。　　　(×)

53．普通蒸馏水煮沸数分钟即得无氨蒸馏水。　(×)

54．氯仿,石油醚是易挥发、易燃的试剂。　　　(√)

55．洗液是用重铬酸钾和硝酸盐配制而成的。　(×)

56．CODcr 测定时,样品应在 50% 的酸度下回流。(×)

57．正弦交流电中的三要素是有效值,频率和角频率。

(√)

58．对易吸湿的物质需用密封加盖的容器称量。(√)

59．乙醚的结构式为 CH_3-O-CH_3。　　　　　　　(√)

60．衡量灼烧完全的标准是恒重。　　　　　　　(√)

61．精密和贵重器材一定要特殊保管。　　　　　(√)

62．凡是在水溶液中能电离出 OH^- 离子的物质都是碱。

(×)

63．某物质完全燃烧后,生成物的总质量等于燃烧前该物质的质量。　　　　　　　　　　　　　　　　　(×)

64．当溶液达到饱和状态后,无论如何也不能溶解该溶

质了。（×）

65. 酸碱中和生成盐和水，而盐水解又生成酸和碱，所以说酸碱中和反应都是可逆反应。（×）

66. 官能团不同，分子结构不同通式相同的物质互为同分异构体。（×）

67. 氨气遇浓盐酸，浓硝酸，浓硫酸都能产生大量白烟。（×）

68. 电流总是从电位高处流向电位低处。（√）

69. 电阻并联后的总电阻值小于其中任一只电阻的阻值。（√）

70. 电路中，电流的方向与电压的方向总是相同的。（×）

71. 电阻两端电压为10V时，电阻值为10Ω，当电压升至20V，电阻值将为20Ω。（×）

72. 闸刀开关，铁壳开关，组合开关，倒顺开关都是刀开关。（√）

73. 电动机是利用电磁感应原理，把电能转换成机械能并输出机械转矩的原动机。（√）

74. 大小随时间变化的叫交流电。（×）

75. 在直流电路中，电感元件相当于开路。（×）

76. 分子量就是分子中各原子的质量之和。（×）

77. 用玻璃棒搅动可使固体物质溶解的速度加快，但不会物质的溶解度增大。（√）

78. 根据质量守恒定律，3g碳在10g氧气中完全燃烧，生成二氧化碳13g。（×）

79. 把20℃的食盐溶液60g蒸干，得到10g食盐，则食盐的溶解度为20g。（×）

80. 浓溶液一定比稀溶液更接近饱和。　　　　　（×）
81. 饱和溶液降温析出晶体后，溶液就变成不饱和溶液。　　　　　　　　　　　　　　　　　　　　（×）
82. 氧化剂在化学反应中被还原，还原剂被氧化。（√）
83. 非金属氧化物都是酸性氧化物，金属氧化物都是碱性化物。　　　　　　　　　　　　　　　　　　（×）
84. 质子数相同的微粒一定属同种元素。　　　　（×）
85. 滴入无色酚酞试液不变红的溶液，一定是酸溶液。
　　　　　　　　　　　　　　　　　　　　　（×）
86. 碱性溶液就是碱溶液，酸性溶液就是酸溶液。（×）
87. 硝酸钾的饱和溶液的浓度肯定比它的不饱和溶液的浓度大。　　　　　　　　　　　　　　　　　　（×）
88. t（℃）时，将 100gA 物质的饱和溶液蒸发 10g 水，余溶液（仍为 t（℃））的浓度比原溶液浓度大。（×）
89. 从 100mL10% 的硫酸溶液中取出 20mL，这 20mL 溶液的浓度仍是 10%。　　　　　　　　　　　　（√）
90. $NaHSO_4$ 溶液能电离出 H^+，所以它是一种酸。　　　　　　　　　　　　　　　　　　　　　　（×）
91. 任何纯净物都有固定的组成。　　　　　　　（√）
92. 物质与氧气发生的剧烈的化学反应才叫燃烧。（×）
93. 二氧化硅不能溶于水而生成相应的酸，但二氧化硅是酸性氧化物。　　　　　　　　　　　　　　　（√）
94. 加热结晶水合物，使其失去结晶水的过程叫做风化。　　　　　　　　　　　　　　　　　　　　　（×）
95. 用加热的方法可以配成较浓的石灰水。　　　（×）
96. 在化学反应中，原子团总是作为一个整体参加反应而保持不变。　　　　　　　　　　　　　　　（√）

97. 在化合物中，正价总数和负价总数绝对值相等。
(√)

98. 可以把稀盐酸和大理石装入灭火器，以产生大量的二氧化碳来灭火。 (×)

99. 50g5%的食盐水和100mL5%的食盐水混合后，所得溶液的浓度仍为5%。 (√)

100. pH值等于"0"的溶液为中性溶液。 (×)

101. 若溶质和溶剂量等比例减少，则溶液量减少，溶液浓度不变。 (√)

102. 硫酸铜晶体包括有溶质硫酸铜和溶剂结晶水（$5H_2O$），所以硫酸铜晶体是混合物。 (×)

103. 将25g胆矾溶解于75g水中，所得硫酸铜溶液的百分比浓度是25%。 (×)

104. 书写化学方程式要注意两个原则：一是正确写出每种物质的分子式；二是要遵循质量守恒定律。 (√)

105. 凡是透明、均匀的液体都是溶液。 (×)

106. 氯化钠和硝酸钾的混合物可以用过滤的方法进行分离。 (×)

107. 二氧化碳中含有氧气分子O_2。 (×)

108. 二氧化碳不是分子，而是由碳原子及氧原子直接构成的。 (×)

109. 二氧化碳中含有两种元素，碳元素和氧元素。
(√)

110. 二氧化碳是由碳单质和氧单质组成的。 (×)

111. 一个二氧化碳分子中含有一个碳原子和两个氧原子。
(√)

112. 水是生命的源泉，有水才有生命。 (√)

113．上海是沿海城市，是个水资源十分富足的城市。（×）

114．水是取之不尽，用之不竭的。　　　　　　（×）

115．我国是水资源比较贫乏的国家。　　　　　（√）

116．保护水源不被污染，节约用水，合理用水，是每个公民应有的职责。　　　　　　　　　　　　　（√）

117．扬程与水泵的转速与平方成正比。　　　　（√）

118．目前我们排水泵站主要是排放雨水、生活污水、部分工业废水。　　　　　　　　　　　　　　（√）

119．分子是保持物质性质的一种微粒。　　　　（×）

120．惰性气体的化学性质很稳定。所以不能和其他物质发生化学反应。　　　　　　　　　　　　　（×）

121．电位分析法的依据是根据电化学原理。　　（√）

122．浓硫酸腐蚀纸张、织物是属于物理变化。　（×）

123．pH值的大小能表示溶液的浓度。　　　　（×）

124．最易使钢铁生锈的情况是潮湿的空气。　　（√）

125．遇到人身触电事故时，首先应该使触电者迅速得到氧气。　　　　　　　　　　　　　　　　　（×）

（二）选择题（正确答案的序号写在各题的横线上）

1．按CJ18—86中污水排入城市下水道标准，硫化物允许最高的浓度为__C__。

A.0.1mg/L　　　　B.0.5mg/L

C.1.0mg/L　　　　D.2.0mg/L

2．下列有关测定悬浮物水样的叙述中，__C__项是错误的。

A．BOD值高的水样，悬浮物含量容易变化

B．微生物多的水样，其悬浮物含量容易变化

C. 氧化、还原、分解等化学反应，对水样中的悬浮物含量没有影响

D. 悬浮物含量，受吸附作用的影响

3. 天平称量中得出称量结果的方法是 __C__。

A. 由天平盘中的砝码读出

B. 由砝码盒中的空位读出

C. 先根据砝码盒中的空位求出，再将砝码放入盒中的固定位置时再复核一遍

D. 上述几种方法都可以

4. 进行移液管和容量瓶的相对校正时 __B__。

A. 移液管和容量瓶的内壁必须都绝对干燥

B. 容量瓶内壁必须绝对干燥，移液管内壁可以不干燥

C. 容量瓶内壁可以不干燥，移液管内壁必须绝对干燥

D. 移液管和容量瓶的内壁都不必干燥

5. 在滤纸的碳化过程中，如遇滤纸着火 __A__。

A. 用坩埚盖盖住，使坩埚内火焰熄灭

B. 要用嘴吹灭

C. 让它烧完后熄灭

D. 用水把火浇灭

6. 下列变化属于物理变化的是 __A__。

A. 潮解   B. 水解   C. 电解   D. 分解

7. 液体和不溶解于其中的粉末混合而又没有沉淀析出的称为 __B__。

A. 溶液   B. 悬浊液   C. 乳浊液   D. 胶体

8. 下列物质的水溶液由于水解呈碱性的是 __C__。

A. $NaHSO_4$ B. Na_2SO_4 C. $NaHCO_3$ D. NH_3

9. 三氯甲烷（$CHCl_3$）是甲烷的 __D__。

45

A. 同系物 B. 同分异构体
C. 同素异形体 D. 衍生物

10. 在用差减法称取试样时,在试样倒出前,使用了一只磨损的砝码,则对称量的结果产生 __A__ 。

A. 正误差 B. 负误差 C. 说不清楚 D. 不影响

11. 下列关于氯元素的说法正确的是 __B__ 。

A. 氯离子和氯气都具有氧化性
B. 氯离子比氯原子稳定
C. 氯离子在水溶液中呈黄绿色
D. 氯离子比氯原子多一个质子

12. 电路中任意两点电位的差值称为 __B__ 。

A. 电动势 B. 电压 C. 电位 D. 电势

13. 在通常状况下,将下列各组内的两种气体混合,能发生反应的是 __C__ 。

A. N_2,O_2 B. H_2S,HCl C. H_2S,SO_2 D. CO,O_2

14. 硫化氢和水的不同点表现在 __A__ 。

A. 硫化氢具有酸性   B. 硫化氢的沸点较高
C. 硫化氢更稳定   D. 硫化氢具有碱性

15. 下列物质中能在空气中长期保存的是 __D__ 。

A. 氢硫酸 B. 亚硫酸钠 C. 氢氧化钠 D. 稀硫酸

16. 金属钠应保存在 __B__ 。

A. 水中   B. 煤油中
C. 酒精中   D. 四氯化碳中

17. 下列关于氯化钠叙述正确的是 __D__ 。

A. 在空气中易潮解
B. 在水中的溶解度随温度升高明显增大
C. 受热分解

D. 溶于水电离成自由移动的 Na^+ 和 Cl^-。

18. 下列哪一个术语与过滤过程没有联系？__A__。
A. 溶质   B. 残渣   C. 滤液   D. 沉淀

19. 在铜和浓硝酸的反应中，若有 a 摩尔的铜被氧化，则被还原的硝酸的摩尔数为 __C__。
A. $4a$ B. $3a$ C. $2a$ D. a

20. 必须用棕色试剂瓶保存的是 __A__。
A. 硝酸   B. 盐酸   C. 硫酸   D. 磷酸

21. 定量分析工作要求测定结果的误差 __C__。
A. 越小越好   B. 等于零
C. 在允许误差范围之内   D. 没有要求

22. 向某溶液中滴入酚酞显红色，下列叙述正确的是 __C__。
A. 向此溶液中滴入石蕊试液，显蓝色。
B. 向此溶液中滴入甲基橙试液，显黄色。
C. 此溶液一定是碱溶液。
D. 此溶液一定是酸溶液。

23. 不能在烘箱内烘干的是 __C__。
A. 碳酸钠   B. 重铬酸钾
C. 萘   D. 邻苯二甲酸氢钾

24. 实验室中用以保干仪器的 $CoCl_2$ 变色硅胶，变为 __A__ 时表示已失效。
A. 红色   B. 蓝色   C. 黄色   D. 绿色

25. 沉淀灼烧温度一般高达 800℃ 以上，灼烧时常用 __D__ 器皿。
A. 银坩埚   B. 铁坩埚
C. 玻璃砂芯滤器   D. 瓷坩埚

26．按 CJ18—86，污水排入城市下水道标准，六价铬允许最高的浓度为__A__。
A．0.5mg/L　　　　　　B．1.0mg/L
C．2.0mg/L　　　　　　D．5.0mg/L

27．下面论述中正确的是__B__。
A．精密度高，准确度一定高
B．准确度高，一定要求精密度高
C．精密度高，系统误差一定小
D．都不正确

28．试样溶液完全移入容量瓶中以后__A__。
A．当稀至 2/3 处时，应先摇匀溶液，再稀至刻度后再摇匀
B．在稀至 2/3 处时，盖上瓶塞倒转摇匀后，再稀至刻度，再摇匀
C．一次稀至刻度后摇匀
D．都可以

29．滴定管活塞中涂凡士林的目的是__C__。
A．堵漏　　　　　　　　B．使活塞转动灵活
C．使活塞转动灵活和防止漏水　　D．都不是

30．在用漏斗过滤中，滤纸的大小应与漏斗相适应__D__。
A．一般滤纸边缘应比漏斗边缘高 1cm 左右
B．一般滤纸边缘应和漏斗边缘相平
C．一般滤纸边缘应与漏斗边缘低 2cm 左右
D．一般滤纸边缘应与漏斗边缘低 1cm 左右

31．下列物质属于化合物的是__C__。
A．氧气　　B．空气　　C．碳酸氢铵　　D．硫磺

32. 某反应的离子方程式是 $Ba_2 + SO_4^{2-} = BaSO_4\downarrow$ 这是 __D__ 。
    A. 化合反应　　　　　　B. 置换反应
    C. 氧化-还原反应　　　　D. 复分解反应

33. 对电解质正确的叙述是 __D__ 。
    A. 溶于水能够导电的物质
    B. 熔融态能够导电的物质
    C. 在水中能生成离子的物质
    D. 在水溶液中能够离解为离子的化合物

34. 某溶液的 pH 值为 2，说明该溶液 __B__ 。
    A. H^+ 浓度小于 OH^- 浓度　　B. $[H^+] = 0.01M$
    C. 溶液中无 OH^-　　　　　　　D. $[H^+] = 100M$

35. 豆浆内加入 __C__ 会发生凝聚现象。
    A. 蔗糖　　B. 水　　C. 硫酸钙　　D. 葡萄糖

36. 用浓硫酸跟氯化物反应制取氯化氢，利用了浓硫酸的性质是 __D__ 。
    A. 强酸　　　　　　　　B. 强氧化性
    C. 脱水性　　　　　　　D. 高沸点，难挥发

37. 有相同的物质的量的气体物质，在同温同压相同的是 __A__ 。
    A. 体积　　B. 密度　　C. 质量　　D. 溶解度

38. 配制浓度为 0.5mol/L 的盐酸 2L，需密度是 1.19 g/cm³ 浓度为 36.5% 的盐酸的体积（L）是 __D__ 。
    A. 1000/11.9　　B. 1/1.19　　C. 1000/1.19　　D. 1/11.9

39. 下列气体中，溶于水后，在空气中溶液逐渐变浊的是 __B__ 。
    A. HCl　　B. H_2S　　C. SO_2　　D. CO_2

40．下列材料中，电阻率最大的材料是__C__。
A．铜　　　B．硅　　　C．塑料　　　D．铁

41．下列物质受热易分解的是__A__。
A．NaOH　　B．NaCl　　C．Na_2CO_3　　D．$NaHCO_3$

42．下列物质中，在空气中放置容易变质，但不被氧化的是__A__。
A．氢氧化钠　B．钠　　C．钾　　　D．浓硫酸

43．分液漏斗用于分离__C__。
A．两种固体的混合物　　B．溶剂和溶质
C．不混溶液体　　　　　D．有色溶液

44．常温下，在浓硝酸中最难溶的金属是__B__。
A．Mg　　　B．Al　　　C．Zn　　　D．Cu

45．常温下，不能共存于同一容器中的气体是__A__。
A．HCl + NH_3　　　　B．O_2 + 空气
C．NO_2 + O_2　　　　D．NH_3 + O_2

46．下列各酸溶液pH值相同，其中摩尔浓度最大的是__D__。
A．HCl　　　　　　　B．H_3PO_4
C．H_2SO_4　　　　　D．CH_3COOH

47．下列物质水溶液能使紫色石蕊变红的是__C__。
A．$NaHCO_3$　B．$NaHSO_3$　C．$NaHSO_4$　D．Na_2SO_4

48．由欧姆定律变换式 $R=\dfrac{U}{I}$，可知：一般导体的电阻与其两端所加的__D__。
A．电压成正比　　　　B．电流成正比
C．A和B的说法都对　　D．电流与电压都无关

49．有三只电阻阻值均为R，当2只电阻并联再与另一

只电阻串联后,总电阻值为__C__。

A.R　　　　B.$R/3$　　　C.$3/2R$　　　D.$3R$

50.实验室中常用的铬酸洗液是由哪两种物质配制的__D__。

A.铬酸钾和浓硫酸　　　B.铬酸钾和浓盐酸
C.重铬酸钾和浓盐酸　　D.重铬酸钾和浓硫酸

51.实际气体在__B__情况下接近理想气体。

A.低温和高压　　　　　B.高温和低压
C.低温和低压　　　　　D.高温和高压

52.按CJ18—86污水排入城市下水道标准,悬浮物允许最高的浓度为__B__。

A.100mg/L　　　　　　B.400mg/L
C.500mg/L　　　　　　D.1000mg/L

53.用移液管移取液体调整刻度时__C__。

A.移液管的尖端应插在液面内
B.移液管尖端不应插在液面内
C.移液管尖端应垂直,其尖端应离开液面并要紧贴待吸液容器的内壁
D.都不对

54.为了清除滴定管中污染的二氧化锰,可采用__B__。

A.硫酸溶液　　　　　　B.酸性草酸溶液
C.铬酸溶液　　　　　　D.水溶液

55.晶形沉淀的沉淀条件是__C__。

A.浓,搅,慢,冷,陈　　B.稀,快,热,陈
C.稀,搅,慢,热,陈　　D.浓,快,冷,陈

56.下列物质属于混合物的是__B__。

A.纯硫酸　　B.纯盐酸　　C.液氨　　　D.水银

57．结晶的水合物是__A__。
　A．具有一定组成的化合物　　B．混合物
　C．溶液　　　　　　　　　　D．含一定水分的化合物

58．加酸或加碱都会使下列离子在溶液中的浓度变小的是__A__。
　A. HCO_3^-　　B. H^+　　C. NH_3^+　　D. AC^-

59．下列物质中，符合苯同系物通式的是__B__。
　A. C_2H_6　　B. C_3H_4　　C. C_4H_8　　D. C_8H_{10}

60．现有金属钠，镁，铝各1mol，与足量的酸作用生成氢气分别是__B__。
　A．1g，1g，1g　　　　　B．1g，2g，3g
　C．3g，2g，1g　　　　　D．2g，3g，1g

61．当氯气做漂白剂时，起漂白作用的是__D__。
　A．水　　B．盐酸　　C．氯离子　　D．次氯酸

62．50mL 0.1mol/L 的 NaOH 溶液与 0.1mol/L 的 H_2SO_4 溶液恰好中和，用去硫酸的体积（mL）是__C__。
　A．150　　B．100　　C．25　　D．10

63．下列关于接触法制硫酸的叙述正确的是__D__。
　A．用硫酸代替硫铁矿可以减少污染
　B．炉气应直接接入接触室
　C．尾气是废气，可直接排入大气
　D．应该用浓硫酸吸收三氧化硫

64．下列物质中能使溴水褪色的是__C__。
　A．NaCl　　B．稀硫酸　　C. H_2S　　D. Cl_2

65．不小心把浓硫酸滴到手上，应采取的措施是__A__。
　A．用纱布拭去酸，再用大量水冲洗，然后涂碳酸氢钠溶液

B. 用氨水中和

C. 用水冲洗

D. 用纱布擦洗后涂油

66. 下列气体中能被 NaOH 溶液吸收的是 __D__ 。

A. H_2 B. O_2 C. N_2 D. Cl_2

67. 下列溶液中不能用磨口玻璃塞保存的是 __B__ 。

A. 浓硫酸　　　　　B. 氯化钠溶液

C. 氢氧化钾溶液　　D. 硫酸钠溶液

68. 蒸馏过程包括 __B__ 。

A. 过滤和蒸发　　B. 蒸发和冷凝

C. 冷凝和倾泻　　D. 倾泻和过滤

69. 在 $4P + 3KOH + 3H_2O = 3KH_2PO_2 + PH_3$ 的反应中，磷元素发生的变化是 __C__

A. 被氧化　　　　　　　B. 被还原

C. 既被氧化又被还原　　D. 既没被氧化又没被还原

70. 下列物质是纯净物的是 __A__ 。

A. 液氨　　B. 氨水　　C. 过磷酸钙　　D. 空气

71. 使用 pH 试纸检验溶液的酸碱度时，正确的操作方法是 __C__ 。

A. 把试纸浸入待测液中，再取出将试纸显示的颜色与标准比色卡对照

B. 把试纸用蒸馏水润湿，再将待测液滴在试纸上，最后将试纸显示的颜色与比色卡对照

C. 把待测液滴在试纸上，再将试纸显示的颜色与比色卡对照

D. 将试纸扔在待测液中，再将待测液中试纸显示的颜色与比色卡对照

72. 量取 15.00mL 烧碱溶液,可以使用的仪器是 __A__ 。
A. 碱式滴定管　　　　B.50mL 容量瓶
C.50mL 量筒　　　　D.20mL 量筒

73. 电路中任意两点电位的差值称为 __B__ 。
A. 电动势　B. 电压　　C. 电位　　　D. 电势

74. 在实际电路中,灯泡的正确接法是 __B__ 。
A. 串联　　B. 并联　　C. 混联　　D. 不能确定

75. 一只额定功率为 1W,电阻值为 100Ω 的电阻,允许通过的最大电流为 __C__ 。
A.100A　　B.1A　　　C.0.1A　　　　D.0.01A

76. 人体中含量最多的元素是 __C__ 。
A. 氢　　B. 氮　　　C. 氧　　　D. 磷

77. 硫酸的化学式为 H_2SO_4,它的分子量计算式为 __B__ 。
A.1+32+16　　　　B.1×2+32+16×4
C.2×(1+32+16)　　D.1×2+32+16

78. 以下物质中元素以游离态存在的是 __A__ 。
A. 氮气　　B. 氧化镁　C. 碳酸　　D. 水

79. 关于符号"$2NO_2$"说法正确的是 __B__ 。
A.4 个氮原子和 2 个氧原子
B.2 个二氧化氮分子
C.2 个氮原子和 2 个氧原子
D.2 个氮原子和 4 个氧原子

80. 元素的种类主要决定于原子的 __A__ 。
A. 核电荷数　　　　B. 中子数
C. 核外电子数　　　D. 相对原子质量

81. 能保持水化学性质的微粒是__C__。
 A. 氧原子　　　　　　　B. 氢原子
 C. 水分子　　　　　　　D. 以上说法都不对

82. 下列关于溶液的叙述中，正确的是__D__。
 A. 均一的、稳定的液体是溶液
 B. 溶液都是无色、均一、稳定的混合物
 C. 溶液长期放置不会析出晶体
 D. 溶液各部分具有相同的浓度和密度

83. 将相互反应的两种固体物质，配制成溶液后再混合，会使反应速度__A__。
 A. 加快　　B. 减慢　　C. 不变　　D. 无法判断

84. 一个原子中一定会有__D__。
 A. 质子的中子　　　　　B. 中子
 C. 质子　　　　　　　　D. 质子和电子

85. 元素的种类决定于原子的__A__。
 A. 核电荷数　　　　　　B. 中子数
 C. 核外电子总数　　　　D. 最外层电子数

86. 氧原子和氧离子具有相同的__B__。
 A. 电子层数　　　　　　B. 质子数
 C. 核外电子总数　　　　D. 最外层电子数

87. 1个CO_2分子和1个SO_2分子中，含有一样多的是__B__。
 A. 氧元素　　B. 氧原子　　C. 氧分子　　D. 氧气

88. 一个CO_2分子和一个SO_2分子中会一样的是__C__。
 A. 氧元素　　　　　　　B. 氧气
 C. 氧原子　　　　　　　D. 含氧元素的百分含量

89. 某+2价金属 A，它在与氧形成的化合物中占 60%，则 A 的相对原子质量是__B__。

A.23　　B.24　　C.40　　D.64

90. 下列化合物中，氯元素化合价为+1价的是__C__。

A.HCl　　B.KClO$_3$　　C.NaClO　　D.HClO$_4$

91. 保持氧气化学性质的微粒是__B__。

A. 氧原子　B. 氧分子　C. 氧元素　　D. 氧离子

92. 关于水的组成回答是由__C__。

A. 氧和氢组成

B.1 个氢分子和一个氧原子组成

C. 氢元素和氧元素组成

D.2 个氢原子和 1 个氧原子组成

93. 决定原子相对质量大小的主要因素是__A__。

A. 质子数和中子数　　B. 中子数和电子数

C. 质子数和电子数　　D. 核电荷数和电子数

94. 下列物质中，不属于混合物的是__B__。

A. 无色糖水　　　　B. 水蒸气

C. 矿泉水　　　　　D. 液态空气

95. 下列物质中，属于化合物的是__A__。

A. 蒸馏水　B. 铁蒸气　C. 氖气　　D. 镁带

96. 下列表示 2 个氢原子的是__B__。

A. 电子和中子　　B. 电子和质子

C. 质子和中子　　D. 电子、质子和中子

97. 构成原子核的是__C__。

A.H$_2$　　　B.2H　　　C.H$_2$O　　　D.2H$^+$

98. 下列说法中，正确的是__A__。

A. 原子可以再分

B. 原子不可以再分

C. 有的原子可以再分，有的原子不可以再分

D. 以上说法都不正确

99. 下列现象，属于化学变化的是__A__。

A. 钢铁生锈　　　　　B. 氧气液化

C. 铁块熔化成铁水　　D. 灯泡发光

100. 下列物质中，属于混合物的是__D__。

A. 温度计中的水银　　B. 蔗糖

C. 二氧化碳　　　　　D. 海水

101. 下列物质中，属于纯净物的是__C__。

A. 糖水　B. 盐水　C. 冰水　　D. 药水

102. 下列性质不属于物理性质的是__B__。

A. 水能灭火　　　　　B. 氢气能够燃烧

C. 0℃时水能结冰　　　D. 蜡烛能熔化

103. 分子是保持物质__B__。

A. 物理性质的一种微粒　B. 化学性质的一种微粒

C. 物理变化的最小微粒　D. 化学变化的最小微粒

104. 原子是化学变化中的__C__。

A. 一种微粒　　　　　B. 唯一的一种微粒

C. 最小的微粒　　　　D. 最大的微粒

105. 下列化学仪器中，不可在火焰上直接加热的是__B__。

A. 试管　B. 烧杯　C. 蒸发皿　D. 坩埚

106. 以下属于化学性质的是__D__。

A. 铜丝有良好的导电性

B. 铜锈是一种绿色的固体

C. 纯铜是一种红色的固体

D. 铁在潮湿的空气中会生锈

107. 原子和分子的主要区别是__C__。
A. 分子大原子小
B. 分子可分，原子不可分
C. 在化学反应中是否可变
D. 能否直接构成物质

108. 地球上的水主要集中于__D__。
A. 冰川中　B. 江河中　C. 地下水中　　D. 海洋中

109. 化学变化的特征是__D__。
A. 发光发热　　　　　B. 状态发生变化
C. 颜色发生变化　　　D. 有新的物质生成

110. 下列变化属于化学变化的是__C__。
A. 电灯通电发光发热　　　B. 铜棒拉成铜丝
C. 水通电得到氢气和氧气　D. 水制成蒸馏水

111. 下列物质属于纯净的是__C__。
A. 自来水　　　　　　B. 澄清的石灰水
C. 水　　　　　　　　D. 煮开过的自来水

112. 下列各组物质中，都属于混合物的一组是__C__。
A. 食盐、蒸馏水、水
B. 雨水、海水、酒精
C. 矿泉水、汽水、自来水
D. 蔗糖、蒸馏水、雨水

113. 下列仪器不能加热的是__C__。
A. 烧杯　　B. 试管　　C. 量筒　　　D. 蒸发皿

114. 将自然界的水用加热至沸制成蒸馏水的方法称__C__。
A. 蒸发　　B. 过滤　　C. 蒸馏　　　D. 分解

115. 下列物质中,属于化合物的是__A__。
　A. 蒸馏水　B. 镁带　　C. 氧气　　　D. 铁蒸气

116. 为使自来水杀菌消毒,成为洁净的水,我们应__D__。
　A. 让水进入沉淀池
　B. 让水通过砂滤池
　C. 在原水中加入明矾
　D. 在原中加氯气

117. 要除去液体中不溶解的固体杂质,可以采用的方法__B__。
　A. 洗涤　　B. 过滤　　C. 蒸馏　　　D. 蒸发

118. 从海水里得到食盐的方法是__A__。
　A. 蒸发　　B. 蒸馏　　C. 沉降　　　过滤

119. 下列净水操作过程中,利用物质的化学性质的是__D__。
　A. 取水　　B. 沉淀　　C. 过滤　　　D. 消毒

120. 下列操作过程中,物质发生化学变化的是__A__。
　A. 电解　　B. 溶解　　C. 蒸发　　　D. 蒸馏

121. 天然水被污染的原因是__D__。
　A. 工业生产中的废渣、废液、废气不经处理就排放
　B. 农业生产中大量使用农药和化肥
　C. 城市生活中的大量污水通过下水道排放
　D. 以上三者都会污染天然水源

122. 下列各组物质中,可以用溶解、过滤方法分离的是__C__。
　A. 糖和盐　　　　　B. 砂和泥土
　C. 泥土和糖　　　　D. 糖和水

123．以下可被看作是纯净物的是 A 。
A．蒸馏水　B．湖水　　C．海水　　　　D．河水

124．在自来水生产中使用的凝聚剂和消毒剂分别是 B 。
A．氯化钠、氯气　　　B．明矾、氯气
C．氯气、硝酸银　　　D．明矾、氧气

125．关于水资源的说法正确的是 C 。
A．我国的人均占有量世界第一
B．世界上淡水资源十分富足
C．我国的水资源北方较南方贫乏
D．水被污染的现象并不普遍

(三) 计算题

1．按照有效数字规则计算

【解】　$0.0121 \times 25.64 \times 1.05782$
　　　　$= 0.0121 \times 25.6 \times 1.06 = 0.328$

2．2mol/L 的 NaOH 溶液的相对密度为 1.08，求它的百分浓度（W/W）。

（M（NaOH）= 40）

【解】　$\dfrac{2\text{mol/L} \times 40\text{g/mol}}{1000\text{ml/L} \times 1.08\text{g/ml}} \times 100\% = 7.4\%$

答：百分比浓度为 7.4%。

3．测定总固体，空皿重 50.5838 克，加入 100mL 水样烘干称量为 50.6138g，求总固体。

【解】　$TS = \dfrac{(50.6138 - 50.5838) \times 1000 \times 1000}{100}$
　　　　$= 300\text{mg/L}$

答：总固体含量为 300mg/L。

4．欲配 10% NaCl 溶液 500g，如何配制？

【解】 $NaCl = 500 \times 10\% = 50g$

$H_2O = 500 - 50 = 450g$

加入 50gNaCl 和 450g 水混合均匀即可成为 10%NaCl 溶液。

5. 计算 0.01MHCl 溶液的 H^+ 浓度，OH^- 浓度各为多少？（$K_W = 10^{-14}$）

【解】 已知 $[H^+] = 10^{-2}M$

$$[OH^-] = \frac{K_W}{[H^+]} = \frac{10^{-14}}{10^{-2}} = 10^{-12}M$$

6. 浓度为 98% 的 H_2SO_4，其密度为 1.84，求此 H_2SO_4 的 (1) 体积摩尔浓度 M；(2) 当量浓度 N。

【解】 (1) $M = \dfrac{d \times A\% \times 1000}{MG} = \dfrac{1.84 \times 98\% \times 1000}{98}$
$= 18.4M$

(2) $N = \dfrac{1.84 \times 98\% \times 1000}{49} = 36.8N$

7. 已知浓度盐酸的相对密度 1.19，其中含盐酸约 37%，求 N？如欲配制 1L 0.15N 盐酸溶液应取这种浓盐酸多少毫升？（$HCl = 36.5$）

【解】 ∵ $N = \dfrac{W}{E} = \dfrac{D\% \times 1000}{E\,(HCl)}$

∴ $N = \dfrac{1.19 \times 37\% \times 1000}{36.5} = 12.06N$

又∵ $N_1 V_1 = N_2 V_2$

∴ $V_2 = \dfrac{1000 \times 0.15}{12.06} = 12.43mL$

8. 有一 NaOH 溶液其浓度为 0.5450N，问取该 NaOH 溶液 100.00mL 需加水多少毫升，方能配成 0.5000N 的溶液？

【解】　$N_1 V_1 = N_2 V_2$

$$V_2 = \frac{0.5450 \times 100.00}{0.5000} = 109.00 \text{mL}$$

$H_2O = 109.00 - 100.00 = 9.00 \text{mL}$

9．根据有效数字的运算规则计算：

$2.187 \times 0.854 + 9.6 \times 10^{-5} - 0.0326 \times 0.00814$

【解】　$2.19 \times 0.854 + 9.6 \times 10^{-5} - 0.0326 \times 0.00814$

$= 1.87 + 9.6 \times 10^{-5} - 2.65 \times 10^{-4} = 1.87$

10．42g 的 H_2O + 8g 的 NaCl 组成溶液，求 NaCl 的百分浓度（有效数字4位）。

【解】　$\dfrac{8}{42+8} \times 100\% = 16.00\%$

11．已知浓 H_2SO_4 相对密度为 1.84，其中 H_2SO_4 含量约为 96%，求 N。如欲配制 1L 0.20N H_2SO_4 溶液，应取这种浓 H_2SO_4 多少毫升（$H_2SO_4 = 98$）

【解】　（1）$N = \dfrac{1.84 \times 97\% \times 1000}{98/2} = 36\text{N}$

（2）设取 36N H_2SO_4 X mL

$1000 \cdot 0.20 = X \cdot 36$

$$X = \frac{1000 \times 0.20}{36} = 5.6 \text{mL}$$

12．有 0.600N 的 NaOH 溶液 500mL，要稀释为 0.500N，问应加水多少毫升？（NaOH = 40）

【解】　设需加水的体积为 X（mL）

根据当量定律

则 $0.600 \times 500 = 0.500(500 + X)$

$300 = 250 + 0.5X$

∴ $X = \dfrac{300 - 250}{0.5} = 100 \text{mL}$

13．如果标准 HCl 溶液的浓度为 0.1900N，问此标准溶液的滴定度（T_{HCl}）为多少？（HCl=36.5）

【解】 根据公式 $T = \dfrac{NE}{1000}$

$$E_{HCl} = 36.5$$

$$T = \dfrac{0.1900 \times 36.5}{1000} = 0.0069 \text{g/mL}$$

14．42g 的 H_2O 和 8g 的 NaCl 组成的溶液，求 NaCl 的百分浓度（有效数字 4 倍）。

【解】 $\dfrac{8}{42+8} \times 100\% = 16.00\%$

15．制备 18% 的 $KMnO_4$ 溶液 750 克，问 $KMnO_4$ 和 H_2O 各多少克？

解：$KMnO_4$ $18\% \times 750 = 135\text{g}$

H_2O $750 - 135 = 615\text{g}$

（四）简答题

1．测定氯化物时用何指示剂？终点颜色如何判断？

答：用铬酸钾作指示剂。终点颜色由白变到砖红色。

2．保存水样时防止变质的措施有哪些？

答：（1）选择适当材质的容器；（2）控制水样的 pH

（3）加入化学试剂（固定剂）；（4）冷藏或冷冻

3．安放分析天平主要应注意什么？影响双盘天平称量准确度的关键因素是什么？

答：安放分析天平主要应注意天平的水平放置，防振、防潮、避免阳光直射。对双盘天平来说，影响称量准确度的关键因素是天平的不等臂性。

4．pH 的定义是什么？

答：pH 是溶液中氢离子活度的负对数。

5．什么叫空白试验？

答：不加试样，进行与加试样相同的分析试验，即用蒸馏水代替试样。

6．分光光度计由哪几部分组成？

答：光源、单色器、样品室和检测器。

7．全自动电光分析天平的精度是多少？二次称重的最小误差是多少？

答：是万分之一。二次称重的最小误差是 0.2mg。

8．电导率测定的干扰因素有哪些？如何排除干扰？

答：样品中含有粗大悬浮物、油和脂干扰测定。

若有干扰，应该用过滤或萃取除去。

9．什么是准确度？

答：测定结果与真值间的接近程度，用误差表示，叫准确度。

10．什么是氧化剂？试举两例。

答：在化学反应中得到电子，化合价降低的物质叫氧化剂。

例：$KMnO_4$、$K_2Cr_2O_7$。

11．什么是精密度？

答：各测定结果之间的相互接近程度，用偏差表示，叫精密度。

12．什么是还原剂？

答：在化学反应中失去电子，化合价升高的物质叫还原剂。

例：$Na_2C_2O_4$、KI。

13．分光光度法测定必须注意的三个要素是什么？

答：(1) 波长；(2) 光程（比色皿宽度）；(3) 参比

14．水质监测采样现场测定项目一般包括什么项目？

答：pH、水温度、电导率、溶解氧、氧化还原电位。

15．对仪器设备应实行标志管理，有哪三种？各代表什么含义？

答：有绿色、黄色、红色三种标志。

绿色为合格证，黄色为准用证，红色为停用证。

16．什么叫自然环境、生态系统？

答：环绕于我们周围自然因素，有大气、水、土壤组成总和，生物群落和非生物群落，它们之间有密切联系，相互作用，物质交换，能量循环，这一系列综合体称生态系统。

17．试述五天生化需氧量的含义？

答：BOD_5 是指污水中污染质，在有氧的条件下和 20℃ 温度培养五天，氧化分解污水中有机物质所需的氧量。

18．生活污水带给水体的污染物质主要有哪几种？

答：生活污水带给水体的污染物质，一般可分三种：（1）有机物质；（2）悬浮固体；（3）细菌（包括微生物）。

19．何谓生物处理法？

答：主要利用微生物氧化分解污水中溶解性，胶体性复杂有机物，使这些物质转化为稳定的、简单的无机物。

20．滴定分析法化学反应的要求如何？

答：（1）定量完全无付反应发生，要求定量指标≥99.9%；

（2）反应迅速，其指标是反应速度与滴定速度相适应；

（3）有确定化学计量点的滴定方法，即确定指示剂。

21．测定耗氧量加热时为什么要加玻璃珠？

答：当水的温度大于 100℃ 而不沸腾，这种现象叫过热，一受振动，立即崩沸，所以加热时，常在液体中加数粒玻璃珠，使存留少许空气，让液体正常沸腾。

22．污水厂水质指标有什么用途？

答：（1）提供水质数据，反映生产情况；

（2）对整个工艺运转监督和保证正常运转作用；

（3）积累历史性资料，促进环保工作。

23．如何确定氧化还原当量？

答：氧化剂当量 $= \dfrac{\text{氧化剂分子量}}{\text{得到电子数}}$

还原剂当量 $= \dfrac{\text{还原剂分子量}}{\text{失电子数}}$

24．试述悬浮物的含义？

答：悬浮物是指水中未溶解的，非胶态的固体物质，在条件适宜时可以沉淀下来。

25．试述BOD越高，水中氧就越多，是否水质就越好，为什么？

答：BOD越高，说明污水中有机物含量高，所要消耗的氧就越多，说明水体污染程度高，水质越不好。

26．什么是氧化还原滴定法？其测定范围如何？

答：利用氧化还原反应为基础的滴定分析法：

测定范围（1）直接测定氧化剂和还原剂；

（2）间接测定一些与氧化剂或还原剂发生定量反应的物质。

27．样品采集有哪些原则要求？

答：力求以最低的采样频次，取得最有代表性的样品；充分考虑水体功能，影响范围以及有关水文要素；既要满足水质现状监测的需要，又实际可行。

28．打开汽水瓶盖时，为什么有气泡在瓶中逸出？

答：在加压情况下，瓶里 CO_2 是溶解于水中的，当打开瓶盖，压力减少，CO_2 气体就会逸出。

29．为什么鱼在煮沸过的冷水中不能生存？

答：煮沸是赶掉水的 CO_2，O_2 等，水中无 O_2 鱼是不能生存的，如果将煮沸过的冷水通过搅拌冲氧鱼尚能生成。

30．剧毒药品应如何保管？

答：剧毒药品应双人双锁，批准使用，领用登记。

实际操作部分

1．题目：氯化物测定

考核项目及评分标准

序号	操作内容	满分	扣分	得分
1	根据水样浓度确定取样量	15		
2	作空白试验	10		
3	加药品顺序，方法，数量准确	10		
4	滴定熟练，掌握滴定终点好	15		
5	滴定前后读数正确，及时记录	10		
6	公式及计算结果正确	10		
7	15min 内完成上述操作	10		
8	安全操作	10		
9	写出反应方程式	10		
10	合　　计	100		

2. 题目：碘量法测定溶解氧

考核项目及评分标准

序 号	操 作 内 容	满 分	扣 分	得 分
1	正确取样法	15		
2	瓶内是否有气泡	5		
3	加药品顺序，方法，数量准确	15		
4	滴定熟练，掌握滴定终点好	15		
5	滴定前后读数正确，及时记录	10		
6	公式及计算结果正确	10		
7	15min内完成上述操作	10		
8	安全操作	10		
9	写出反应方程式	10		
10	合　计	100		

3. 题目：天平称量的操作

考核项目及评分标准

序 号	操 作 内 容	满 分	扣 分	得 分
1	检查天平梁、盘是否正常，罩内及盘上有无灰尘等脏物，如有应如何除去	10		
2	称量前先校正天平的零点（反复3次）	10		
3	称空的称量瓶正确使用加砝码的转盘	10		
4	加砝码时，开关应关闭（第一次）	5		
5	正确读数及记录	10		
6	加样品的方法及姿势正确	10		
7	正确使用加砝码转盘	10		
8	加砝码时，开关应关闭（第二次）	5		
9	正确读数及记录	10		
10	加砝码的转盘退到零点，计算样品的重量	10		
11	15min内完成上述操作	10		
12	合　计	100		

4. 题目：SVI测定

考核项目及评分标准

序号	操作内容	满分	扣分	得分
1	取100mL曝气池混合液，放在100mL量筒内静止30min，记录污泥所占的体积V（mL）	20		
2	摇匀于离心管内，经离心机2000r/min分离	20		
3	5min倾去上层清液，用蒸馏水将沉于底的污泥全部冲洗入已知重量的蒸发皿内	20		
4	蒸发皿在沸水浴上蒸发干后移于105～110℃烘箱内至恒重	20		
5	公式及计算结果正确	20		
合计		100		

5. 题目：微生物显微镜操作

考核项目及评分标准

序号	操作内容	满分	扣分	得分
1	清理工作台，准备水样	10		
2	开箱，双手取出仪器，顺序正确	10		
3	安放位置正确	10		
4	装配镜头顺序无误	10		
5	调光顺序无误	10		
6	取样制片符合要求	10		
7	粗调、细调视野清楚	10		
8	记录报告正确	10		
9	装箱顺序正确、安全	10		
10	15min之内完成	10		
合计		100		

6. 题目：总固定测定

考核办法及评分标准

序号	操作内容	满分	扣分	得分
1	将蒸发皿洗净放在105～110℃烘箱内烘，30min后，置于干燥器冷却恒重	20		
2	取均匀水样100mL于上述蒸发皿内	20		
3	蒸发皿在沸水浴上蒸发干后移入105～110℃烘箱内1h后取出，放在干燥器内，待冷却后称量	20		
4	方法正确	20		
5	计算结果正确	20		
合计		100		

7. 题目：pH值测定

考核办法及评分标准

序号	操作内容	满分	扣分	得分
1	把电极从标准溶液中取出，用蒸馏水反复洗干净，用滤纸吸干电极	20		
2	将电极用被测水样反复冲洗3～5次	20		
3	将电极放入水样中	20		
4	按下"读数"开关，摇动水样1min，待指针稳定后再读数	20		
5	正确读数及记录	20		
合计		100		

8. 题目：污泥浓度测定

考核办法及评分标准

序号	操作内容	满分	扣分	得分
1	取 100（或 50）mL 曝气池的混合液，于离心管内	20		
2	经离心机 2000r/min 分离	20		
3	5min 倾去上层清液，用蒸馏水将沉于底的污泥全部冲洗入已知重量的蒸发皿内	20		
4	蒸发皿在沸水浴上蒸发干后移于 105~110℃ 烘箱内至恒重	20		
5	公式及计算结果正确	20		
合计		100		

第二章　中级污水化验监测工

理论部分

(一) 是非题（对的划"√"，错的划"×"，答案写在每题括号内）

1. 淀粉溶液不同于食盐溶液，它具有丁达尔现象。
（√）

2. 使用催化剂可同时加快可逆反应的正，逆反应速度，缩短达平衡的时间。
（√）

3. 在中和滴定实验中，用移液管移取待测液后，将其尖嘴部分残留液不应吹入的也吹入锥形瓶中，这会使待测液的浓度测定值偏高。
（√）

4. 碳和硅是同主族元素，它们的最高价氧化物的性质必然相似。
（×）

5. 活性碳可以净化某些气体和液体。（√）

6. 饱和氯化铁溶液滴在沸水中，能产生丁达尔现象。
（√）

7. $KMnO_4$ 用 $Na_2C_2O_4$ 来标定，加 $1:3 H_2SO_4 5mL$，滴定时温度控制在 $70\sim80℃$ 为宜。
（√）

8. CJ18—86 中一般规定可向城市下水道排放剧毒物质。
（×）

9. CJ18—86 中规定硫化物最高允许排入城市下水道的浓度为 0.5mg。
（×）

10. 铅及其无机化合物，以单位排水口的抽检浓度为准。
（×）

11. 国标 GB8978—88 中规定硫化物测定方法（低浓度

的）为对氨基二甲基苯胺比色法。（√）

12．工业废水是指居民生活中排出的水。（×）

13．建立控制图的目的之一是建立数据置信限的基础。（√）

14．不好的分析结果只可能是由操作人员在操作过程中有差错引起的。（×）

15．水样中测定 Cr^{6+} 的预处理法为蒸馏法。（×）

16．分光光度计应放置在阳光直射的地方。（×）

17．蒸馏时蒸馏瓶中的蒸馏液最多不能超过此瓶容积的 2/3，最少不能小于 1/3。（√）

18．在电磁感应中，如果有感生电流产生，就一定有感生电动势。（√）

19．基准物质即是用来标定标准溶液浓度的纯物质。（√）

20．容器和溶液的体积都随温度的改变而改变。（√）

21．化学试剂的保管，不是化学实验室重要工作之一。（×）

22．苯酚属于酸碱两性化合物。（×）

23．人误服重金属盐，解毒急救可采用服用大量牛奶和蛋清。（√）

24．蔗糖遇碘水会变蓝。（×）

25．功率大的用电器一定比功率小的用电器消耗的电能多。（×）

26．氯化钙，浓硫酸和五氧化二磷是除去二氧化碳所含水分的适当干燥剂。（√）

27．对某一特定的可逆反应，只要其它条件不变，不论是否使用催化剂，反应达到平衡时各物质的浓度总是一定

的。 （√）

28．在中和滴定实验中，锥形瓶中放入待测液后，加蒸馏水稀释后再进行滴定，这会使待测液测定值偏高。（×）

29．一氧化碳和二氧化碳都是非金属氧化物，都能和碱反应生成盐。 （×）

30．耐压300V的电容器能在有效值为220V的交流电压下安全工作。 （×）

31．高锰酸钾溶于水能产生丁达尔现象。 （×）

32．$Na_2S_2O_3$用$K_2Cr_2O_7$来标定，加lgKI6N$H_2SO_4$5mL，用淀粉作指示剂。 （√）

33．CJ18—86中一般规定，严禁排入腐蚀下水道设施的污水。 （√）

34．CJ18—86中规定，挥发性酚最高允许排入城市下水道的浓度为0.5mg/L。 （×）

35．汞及其无机化合物，以车间或处理设备排水口抽检浓度为准。 （√）

36．国标GB8978—88中规定苯胺类测定方法为纳氏试剂比色法。 （×）

37．生活污水指工厂生产中排出的水。 （×）

38．建立控制图的目的之一是证实测量系统是否处于统计控制状态之中。 （√）

39．不好的分析结果只可能由试剂污染引起的。 （×）

40．水样中测定硫化物的预处理方法为蒸馏法。 （√）

41．取用固体药物常用的工具是角匙和镊子。 （√）

42．容量瓶的校准，预校准的量瓶不需要洗净干燥。
 （×）

43．惰性元素原子的最外层电子数都是8个。 （×）

44．在标定操作时，应特别注意称量必须准确。（√）

45．6mol/L 盐酸溶液配制，是将浓盐酸用等体积的水稀释。（√）

46．为了分析质量好，一律取用最高规格的药品，浪费一点无所谓。（×）

47．葡萄糖属于多羟基醛的物质结构。（√）

48．人误服重金属盐，解毒急救可采用服用大量水。（×）

49．$C_2H_4O_2$ 不属于糖类物质。（√）

50．把应作星形联接的电动机接成三角形，电动机不会烧毁。（×）

51．将 50g 水倒入 50g 98% 的浓硫酸中，可制得 49% 的硫酸溶液。（×）

52．催化剂能改变化学反应速度，但不能提高反应的转化率。（√）

53．在中和滴定实验中，滴定管洗净后，未用标准液润洗就盛装标准液进行滴定，这会使待测溶液的浓度偏高。（√）

54．存放水玻璃时要注意容器的密闭性，而且不能使用玻璃瓶塞的试剂瓶。（√）

55．二氧化碳可以灭火。（√）

56．氯化铁溶液滴入苛性钠溶液中，能产生丁达尔现象。（×）

57．绘制标准曲线最少需要测定 6 点浓度，其中包括空白。（√）

58．CJ18—86 中一般规定严禁向城市下水道倾倒垃圾。（√）

59. CJ18—86 中规定氰化物最高允许排入城市下水道的浓度为 0.1mg/L。 (×)

60. 六价铬无机化合物以单位排水口的抽检浓度为准。 (×)

61. 国标 GB8978—88 中规定氰化物的测定方法为异烟酸-吡唑啉酮比色法。 (√)

62. 工业废水主要是指由工厂及企业排出的水。 (√)

63. 建立控制图的目的之一是鉴别脱离控制的原因。 (√)

64. 不好的分析结果只可能是系统误差引起的。 (×)

65. 水样中测定 NO_2^- 的预处理法为絮凝沉淀法。 (√)

66. 在实验室里一般是用量筒、量杯、刻度吸管、移液管、滴定管来量取准确的液体量。 (√)

67. 往烧杯等广口容器内倾倒液体时,可不顺玻璃棒或不沿器壁慢倒。 (×)

68. 在磁场中放入小磁针,它的 N 极指向可以认为是该磁场的磁感应强度的方向。 (√)

69. 溶液进行标定时,最少要平行进行 2 份,其结果应在规定误差内,然后取算术平均值。 (√)

70. 配 2mol/L 盐酸,是取 160mL 浓盐酸,稀释至 1L。 (√)

71. 对易发生化学反应的药品,可放在一起保存。 (×)

72. 甘油属于多羟基醛的物质结构。 (×)

73. 人误服重金属,解毒急救可采用服用食醋。 (×)

74. 淀粉遇碘水变蓝。 (√)

75. 熔断器中熔丝的直径大,熔断电流也就大。 (×)

76. 在中和滴定实验中,用移液管移取待测液后,将其

尖嘴部分残留液不应吹入的也吹入锥形瓶中，这会使待测液的浓度测定值偏高。（√）

77. $KMnO_4$ 用 $Na_2C_2O_4$ 来标定，加 $6NH_2SO_4$ 5mL 滴定时温度控制在 70～80℃为宜。（×）

78. 使用催化剂可同时加快可逆反应的正、逆反应速度，加快达平衡时间。（×）

79. 被测物的量较小时，相对误差就较小，测定的准确度就较低。（×）

80. 为了减少称量中的误差，通常要求物质的当量大一些为好。（√）

81. 在水溶液中，只要能大部分电离的物质就称为强电物质。（×）

82. 通过反应，可定量地说明酸愈强，它的共轭碱愈强，反之就愈弱。（×）

83. 选择指示剂的原则是要求指示剂的变色范围全部或部分在 pH 突跃范围之内。（√）

84. 氧化剂是指得到电子的物质，化合价由高到低，它本身被还原。（√）

85. EDTA 钠盐标准溶液的浓度通常以当量浓度来表示。（×）

86. 测定 BOD_5 时，$Na_2S_2O_3$ 当天与五天用量差宜在 0～10%范围内。（×）

87. 对某一特定的可逆反应，只要其它条件不变，不论是否使用催化剂，反应达到平衡时各物质的浓度总是一定的。（√）

88. 在中和滴定实验中，锥形瓶中放入待测液后，加蒸馏水稀释后再进行滴定，这会使待测液测定值偏高。（×）

89. $Na_2S_2O_3$ 用 $K_2Cr_2O_7$ 来标定，加 $6NH_2SO_4$ 5mL，用淀粉作指示剂。（×）

90. 把应作星形联结的电动机接成三角形，电动机将会烧毁。（√）

91. 污水生物处理适宜温度为 20~30℃。（×）

92. 个别测定值与平均值的接近程度，通常用误差来表示。（×）

93. 当测量次数很多时，偶然误差的分布可不服从统计规律，即正态分布。（×）

94. 根据酸碱质子理论，各反应物最后都能转化为它们各自的共轭酸和共轭碱，则盐类物质就不存在了。（√）

95. 酸碱指示剂一般是有机强酸和强碱，当溶液中的 pH 值改变时，指示剂由于结构上的改变而发生了颜色上的变化。（×）

96. 对各种氧化剂，还原剂能反映出其氧化还原能力的大小的称为电极电位。（√）

97. 测定溶解氧时，可以不敲击，让小气泡留在水中。（×）

98. CODcr 测定时，样品应在 50% 的酸度下回流。（×）

99. 凡是在水溶液中能电离出 [OH^-] 离子的物质都是碱。（×）

100. 酸碱中和生成盐和水，而盐水解又生成酸和碱，所以说酸碱中和反应都是可逆反应。（×）

101. 某物质完全燃烧后，生成物的总质量等于燃烧前该物质的质量。（×）

102. 当溶液达到饱和状态后，无论如何也不能溶解该溶质了。（×）

103. 过滤高锰酸钾溶液时,不可以采用滤纸过滤。

(√)

104. 绘制标准曲线最少需要测定 6 点浓度,其中不包括空白。 (×)

105. 测定悬浮物固体,称量时天平门没关上是系统误差。 (×)

106. 清洁器皿和往下水道倒废料时,应将有毒废液倒入专用容器内,另作销毁处理。 (√)

107. 纯水中氢离子和氢氧根离子的浓度(单位:mol/L)相等 (√)

108. 0.2mol/L 的 HAC 溶液中的氢离子浓度是 0.1 mol/L HAC 溶液中氢离子浓度的两倍。 (×)

109. 在质量控制图中如遇有 7 点连续上升时,表示测定有失控的趋势。 (√)

110. 对某项测定来说,它的系统误差大小是可以测量的。 (√)

111. 对计量器具要严格执行检定,包括入实验室前,使用中,返还时的技术检定。 (√)

112. 分析测试中质量保证的目的之一是提供统计学基础以作出评价。 (√)

113. 有机溶剂起火时,可用水去灭火。 (×)

114. 不同的分析方法,不同的分析仪器,对配用的计算机的要求是不同的。 (√)

115. 通电线圈在磁场中的受力方向,可以用左手定则判别,也可用楞次定律判别。 (×)

116. 在一个大气压,水的蒸发从 0→100℃ 都可发生。

(√)

117. 颗粒＜0.001μm，以分子或离子状态溶解于水中的物质，叫悬浮物质。 （×）

118. DDT 属于无机农药，$HgCl_2$ 属于有机农药。 （×）

119. 水质超标的废水，可用稀释法降低其浓度，排入城市下水道。 （×）

120. 污水排入地面水后，地面水的 BOD_5 允许增加到不超过 40mg/L。 （×）

121. 进入生物处理构筑物有毒物质 As 的含量不能超过 2mg/L。 （×）

122. 工作粗枝大叶，看错、记错、拿错等都是过失误差。 （√）

123. 天平称重，可以准确到小数点后第三位，第四位是估算的，可以不要。 （×）

124. 被称物重量大时，相对误差就比较小，称量正确度也就高。 （√）

125. 水是最好的溶剂，能溶解各种固态、液态、气态物质，是任何物质不能相比的。 （√）

(二)选择题（正确答案的序号写在每题横线上）

1. 下列物质的分子结构中，不含羰基的是 __B__ 。
   A. 乙酸乙脂   B. 苯酚   C. 甲醛   D. 丙酮

2. 将 R_1，R_2，R_3 三只电阻，经过不同方式的连接，可以得到 __C__ 个不同阻值的电阻。
   A. 1   B. 2   C. 3   D. 6

3. 下列有机化合物中，即可作防冻剂，又可作炸药的是 __D__ 。
   A. 三硝基甲苯   B. 苯   C. 乙二醇   D. 丙三醇

4. 分光光度计中的光量调节的作用是 __C__ 。

A. 得到单色光

B. 稳定入射光强度

C. 为使参比溶液的吸光度为最大

D. 调节透射光的强度并使参比溶液的吸光度调零

5. 欲配制 pH = 5 的缓冲溶液,下列物质可用的是__C__。

A. HCOOH（$PK_{HCOOH}=3.45$）

B. NH_3 水（$PK_{NH_3}=4.74$）

C. HAC（$PK_{HAC}=4.74$）

D. 都可用

6. 滴定进行中的正确方法是__B__。

A. 眼睛应看着滴定管中液面下降的位置

B. 应注视被滴定溶液中指示剂颜色的变化

C. 应注视滴定管是否漏液

D. 应注视滴定的流速

7. 在光度分析中,某溶液的最大吸收波长（λ_{max}）__C__。

A. 随着有色溶液浓度的增大而增大

B. 随着有色溶液浓度的增大而减小

C. 有色溶液浓度变化时,其值不变

D. 随着有色溶液浓度增大和变小,它都要变

8. 下列 0.1mol/L 多元酸能分步测定的是__C__。

A. H_2SO_4（$pK_{a2}=2.0$）

B. $H_2C_2O_4$（$pK_{a1}=1.22$，$pK_{a2}=4.19$）

C. H_3PO_4（$pK_{a1}=2.12$，$pK_{a2}=7.20$，$pK_{a3}=12.36$）

D. 都可以

9. 下述情况，使分析结果产生负误差的是__D__。
   A. 用盐酸标准溶液滴定碱时，滴定管内壁挂水珠
   B. 用于标定溶液的基准物质吸湿
   C. 用于标定溶液的基准物质称好后，洒掉了一小点儿
   D. 测定 $H_2C_2O_4 \cdot 2H_2O$ 摩尔质量时，$H_2C_2O_4 \cdot 2H_2O$ 失水

10. 不能透过滤纸的有__D__。
    A. 食盐水　　　　　　B. $Fe(OH)_3$
    C. 蔗糖水　　　　　　D. 泥土悬浊液

11. 下列气体不能用浓硫酸干燥的是__D__。
    A. SO_2　　B. Cl_2　　C. CO_2　　D. H_2S

12. 下列属于离子晶体的是__A__。
    A. 溴化钠　　B. 干冰　　C. 石墨　　D. 金属钠

13. 向纯碱溶液中滴入几滴酚酞试液，溶液呈粉红色，微热后，溶液的颜色__B__。
    A. 不变　　B. 加深　　C. 变浅　　D. 消失

14. 水壶中水垢的主要成分是__A__。
    A. $CaCO_3$ 和 $Mg(OH)_2$
    B. $CaCO_3$ 和 $MgCO_3$
    C. $Ca(HCO_3)_2$ 和 $MgCO_3$
    D. $Ca(HCO_3)_2$ 和 $Mg(HCO_3)_2$

15. 可用来除铁锈的物质有__C__。
    A. 烧碱　　B. 水　　C. 稀硫酸　　D. 氨水

16. 原子量是分析化学的__A__。
    A. 量值基础　　　　　B. 物质基础
    C. 经济基础　　　　　D. 前三种都不是

17. 按允许误差大小可将砝码的等级分成__D__。

A.2个　　　　B.3个　　C.4个　　D.5个

18. pH＝2的溶液比pH＝6的溶液的酸性高多少倍__C__。

A.4倍　　　　B.12倍　　C.10000倍　D.8倍

19. 腐蚀性药品进入眼睛内时，应__B__。

A. 直接去医院
B. 立即用大量水冲洗，然后急诊
C. 直接涂烫伤膏
D. 立即用毛巾擦眼睛

20. 用电器通过的电流时间长，用电器__B__。

A. 功率大
B. 耗用的电能多
C. 两端积累的电荷多
D. 两端电压增高

21. 异步电动机正常工作时，电源电压变化对电动机的正常工作__D__。

A. 没有影响　　　　B. 影响很小
C. 有一定影响　　　D. 影响很大

22. 星形—三角形降压启动时，电动机定子绕组中的启动电流可以下降到正常运行时电流的__B__。

A.1/2　　B.1/3　　C.3　　　D.－1/2

23. 标定氢氧化钠溶液常用的基准物有__A__。

A. 邻苯二甲酸氢钾
B. 无水碳酸钠
C. 碳酸钙
D. 硼砂

24. 在滴定分析中，一般利用指示剂颜色的突变来判断等当点的到达,在指示剂变色时停止滴定。这一点称为__D__。

  A. 等当点   B. 滴定分析
  C. 滴定   D. 滴定终点

25. 分光光度法与普通比色法的不同点是__A__。

  A. 工作范围不同
  B. 光源不同
  C. 检测器不同
  D. 检流计不同

26. 属于消去反应的是__B__。

  A. 乙醇 + 浓硫酸 $\xrightarrow{140℃}$ B. 乙醇 + 浓硫酸 $\xrightarrow{170℃}$

  C. C_2H_5Cl + 氢氧化钠 $\xrightarrow[\Delta]{醇}$ D. C_2H_5Cl + 水 $\longrightarrow$

27. 下列化合物既能与氢氧化钠反应,又能与盐酸反应的是__D__。

  A. 苯胺   B. 苯酚   C. 氯乙烷   D. 乙酰胺

28. 电感量一定的线圈,产生自感电动势大,说明该线圈中过电流的__D__。

  A. 数值大   B. 变化量多
  C. 时间长   D. 变化率大

29. 在光度分析中,常出现工作曲线不过原点的情况,下述说法中不会引起这一现象的是__C__。

  A. 测量和参比溶液所用比色皿不对称(即两者透光度相差太大)

  B. 参比溶液选择不当

  C. 显色反应的灵敏度太低

  D. 前三个都不是

30. 在滴定管中加入标准溶液时 __C__ 。
 A. 应用一小漏斗加入
 B. 应用一小烧杯加入
 C. 应直接倒入，不能借用任何容器
 D. 用移液管加入

31. 已知某硅酸盐中含有约0.76%的铁，在选择分析方法时应选用 __C__ 。
 A. 络合滴定法　　　　　B. 氧化还原滴定法
 C. 分光光度法　　　　　D. 其它滴定法

32. 六次甲基四胺（PKb=8.85）配成缓冲溶液的pH缓冲范围是 __B__ 。
 A. 8～10　　B. 4～6　　C. 6～8　　D. 1～3

33. 下面0.10mol/L的酸能用氢氧化钠作直接滴定分析的是 __A__ 。
 A. HCOOH（PKa=3.45）　B. H_3BO_3（PKa=9.22）
 C. NH_4NO_3（PKb=4.74）　D. 都可以

34. 具有丁达尔现象的有 __B__ 。
 A. 食盐水　　　　　　　B. 氢氧化铁
 C. 泥土悬浊液　　　　　D. 蔗糖

35. 将5ml 10mol/L盐酸稀释为250mL溶液，再从稀释后的溶液中取出10mL。这10mL溶液的摩尔浓度是 __B__ 。
 A. 0.08mol/L　　　　　B. 0.2mol/L
 C. 0.5mol/L　　　　　　D. 1mol/L

36. 小苏打溶液分别和下列物质的溶液反应，能生成白色沉淀，同时又生成无色气体的是 __D__ 。
 A. 氢氧化钙　　　　　　B. 盐酸
 C. 乙酸　　　　　　　　D. 硫酸铝钾

37. 在室温下干燥的空气中,纯碱晶体逐渐变为粉末,这种现象是 __C__ 。
   A. 干馏　　　B. 潮解　　C. 风化　　D. 挥发

38. 能使铁溶解但又不产生气体和沉淀的物质是 __D__ 。
   A. 稀硫酸　　　　　　　B. 稀硝酸
   C. 硫酸铜溶液　　　　　D. 硝酸铁溶液

39. 下列物质属于纯净物的是 __A__ 。
   A. 2,3,3—三甲基辛烷　　B. 石油
   C. 汽油　　　　　　　　D. 沼气

40. 国际单位制的导出单位有 __D__ 。
   A. 2 个　　B. 7 个　　C. 15 个　　D. 19 个

41. 容量仪器一般分成 __B__ 。
   A. 壹等　　B. 贰等　　C. 叁等　　D. 肆等

42. 在分光光度法中以扣除空白值后的吸光度为多少,相对应的浓度值为检测限 __A__ 。
   A. 0.01　　B. 0.02　　C. 0.05　　D. 0.1

43. 氮气钢瓶颜色为 __D__ 。
   A. 蓝色　　B. 绿色　　C. 灰色　　D. 黑色

44. 接触器的额定工作电压是指什么的工作电压 __C__ 。
   A. 主触头　　　　　　　B. 辅助常开触头
   C. 线圈　　　　　　　　D. 辅助常闭触头

45. 标定盐酸溶液常用的基准物为 __A__ 。
   A. 无水碳酸钠　　　　　B. 草酸($H_2C_2O_4 \cdot 2H_2O$)
   C. 碳酸钙　　　　　　　D. 邻苯二甲酸氢钾

46. 与缓冲溶液的缓冲容量大小有关的因素是 __B__ 。
   A. 缓冲溶液的 pH 范围　　B. 缓冲溶液的总浓度
   C. 外加的酸量　　　　　　D. 外加的碱量

47. 反应式：$Ba(OH)_2(aq) + H_2C_2O_4(aq) \rightarrow H_2O(l) + BaC_2O_4(s)$ 表示发生了下列何种反应 C 。

A. 氧化还原　　B. 络合　　C. 中和　　D. 歧化

48. 人眼能感觉到的光称为可见光，其波长范围是 A 。

A. 400～780nm　　　　　　B. 200～400nm
C. 200～600nm　　　　　　D. 400～780μm

49. 在分光光度法中，宜选用的吸光度读数范围为 D 。

A. 0～0.2　　　　　　　　B. 0.1～0.3
C. 0.3～1.0　　　　　　　D. 0.2～0.7

50. 与乙醚互为同分异构体的是 D 。

A. 乙醇　　　　　　　　B. 乙醛
C. 丁酮　　　　　　　　D. 乙-甲基-1-丙醇

51. 下列各组化学试剂，可以鉴别装在不同容器里的乙烯、甲苯和丙醛的是 A 。

A. 银氨溶液和溴
B. 高锰酸钾和溴
C. 三氯化铁溶液和银氨溶液
D. 银氨溶液和高锰酸钾

52. 影响有色络合物的摩尔吸光系数的因素是 B 。

A. 比色皿的厚度
B. 入射光的波长
C. 有色物的浓度
D. 都不是

53. 在比色分析中，若试剂有色，试液无色，应选用哪一种作参比溶液 B 。

A. 试液　　　B. 试剂　　C. 溶剂　　D. 都可以

54. 在配制高锰酸钾标准溶液时，煮沸高锰酸钾溶液的目的是的__C__。

A. 杀菌

B. 赶走二氧化碳

C. 加速高锰酸钾与还原剂反应

D. 为了使高锰酸钾溶解

55. 氢氧化铁胶体通直流电，胶粒向阴极移动的现象叫__C__。

A. 布朗运动　　　　　　B. 电离

C. 电泳　　　　　　　　D. 电解

56. 在光度分析中制作工作曲线时，其横坐标__D__。

A. 只能以（mol/L）表示

B. 只能以（g/L）表示

C. 只能以（%）表示

D. 可以各种形式的浓度或被测物的绝对量（mg）表示

57. 下列论述中错误的是__C__。

A. 方法误差属于系统误差

B. 系统误差又称可测误差

C. 系统误差呈正态分布

D. 都错了

58. 下列论述中，有效数字位数正确的是__A__。

A. $[H^+] = 3.24 \times 10E-2$（3位）

B. $pH = 3.24$（3位）

C. 0.420（3位）

D. 0.015（4位）

59. 让一段直导线通入直流电流 I 后，再把该导线绕成一个螺线管,则电流 I __C__ 。

A. 变大　　　B. 变小　　C. 不变　　D. 不能确定

60. 下列离子中还原性最强的是 __A__ 。

A. Br^-　　　B. Cl^-　　C. F^-　　D. Na^+

61. 下列反应中,能产生两种气体的是 __B__ 。

A. 二氧化硫和硫化氢

B. 碳粉和浓硫酸共热

C. 铜片和浓硫酸共热

D. 过氧化钠遇二氧化碳

62. 实验室中需密闭存放的物质是 __B__ 。

A. 硫酸　　　B. 水玻璃　　C. 磷酸　　D. 硫酸钡

63. 除去含有碳酸氢钙的硬水的硬度,所加试剂为 __C__ 。

A. 稀盐酸　　　　　　B. 稀硫酸

C. 石灰水　　　　　　D. 通入过量二氧化碳

64. 钢铁的腐蚀主要是 __A__ 。

A. 吸氧腐蚀　　　　　B. 析氢腐蚀

C. 化学腐蚀　　　　　D. 前三种都不是

65. 标准的可靠性直接决定分析结果的 __C__ 。

A. 精密度　　　　　　B. 偏差

C. 准确度　　　　　　D. 前三种都不是

66. 当填写原始记录,原始数据写错时 __B__ 。

A. 用橡皮擦掉,重写

B. 在错的数据上划两条线,签好名字再重写

C. 用涂改液涂掉,再重写

D. 换张新的记录重新写

67. 氧气钢瓶的颜色为 __B__ 。

A．红色 B．蓝色 C．灰色 D．黑色

68．物质的颜色是由于选择性地吸收了白光中的某些波长的光所致。硫酸铜溶液呈现蓝色是由于它吸收了白光中的__C__。

A．蓝色光波 B．绿色光波
C．黄色光波 D．紫色光波

69．在滴定分析法测定中出现的下列情况，__A__会导致系统误差。

A．所用试剂中含有干扰离子

B．试剂未经充分混匀

C．滴定管的读数读错

D．滴定时有液滴溅出

70．下列物质中可用于直接配制标准溶液的是__C__。

A．固体氢氧化钠（G.R.）

B．浓盐酸（G.R.）

C．固体重铬酸钾（G.R.）

D．固体 $Na_2S_2O_3 \cdot 5H_2O$（A.R.）

71．人体血液的 pH 值总是维持在 7.35～7.45。这是由于__B__。

A．人体内含有大量的水分

B．血液中的碳酸氢根离子和碳酸起缓冲作用

C．血液中含有一定量的钠离子

D．血液中含有一定量的氧气

72．在吸光光度法中，透过光强度（I_t）与入射光强度（I_0）之比，即 I_t/I_0 称为__C__。

A．吸光度 B．消光度 C．透光度 D．光密度

73．光电比色计的光源是__A__。

A. 钨丝灯　　　B. 低压氢灯　C. 氖灯　D. 氦灯

74. 滴定进行中的正确方法是 __B__ 。

A. 眼睛应看着滴定管中液面下降的位置

B. 应注视被滴定溶液中指示剂颜色的变化

C. 应注视滴定管是否漏液

D. 应注视滴定的流速

75. 滴定的标准溶液与待测组分的克当量数或毫克当量数相等的这一点称为 __D__ 。

A. 滴定　　　　　　　　B. 滴定终点

C. 滴定分析　　　　　　D. 等当点

76. 下列离子中氧化性最强的是 __D__ 。

A. Br^-　　　B. Cl^-　　　C. F^-　　　D. Na^+

77. 电流互感器的副边额定电压一般都设计成 __A__ 。

A. 5A　　　　　　　　B. 20A

C. 10A　　　　　　　　D. 50A

78. 已知某硅酸盐中含有约 0.76% 的铁，在选择分析方法时应选用 __C__ 。

A. 络合滴定法　　　　　B. 氧化还原滴定法

C. 分光光度法　　　　　D. 其它滴定法

79. 在光度分析中制作工作曲线时，其横坐标 __D__ 。

A. 只能以（mol/L）表示

B. 只能以（g/L）表示

C. 只能以（%）表示

D. 可以各种形式的浓度或被测物的绝对量（mg）表示

80. 水溶液中，电离出的阳离子完全是 H^+，则为 __C__ 。

A. 碱　　　B. 盐　　　C. 酸　　　D. 化合物

81．凡能接受 H^+ 的物质称为　B　。

A．酸　　　　B．碱　　　C．盐　　　D．化合物

82．弱电解质在水溶液中只有很少一部分分子电离为离子，大部分以　C　形式存在。

A．化合物　　　　　B．单质
C．分子　　　　　　D．质子

83．铬黑 T 指示剂的适用 pH 范围为　A　。

A．7～10　　B．1～2　　C．4～5　　D．11～12

84．下列溶液中哪种溶液的 pH 值最大　A　。

A．0.1mol/L HAC 加等体积的 0.1mol/L HCl
B．0.1mol/L HAC 加等体积的 0.1mol/L HaOH
C．0.1mol/L HAC 加等体积的蒸馏水
D．0.1mol/L HaAC 加等体积的 0.1mol/L HAC

85．在实验室中常用的去离子水中，加入 1～2 滴酚酞试剂，则应呈现　A　。

A．无色　　　B．红色　　C．黄色　　D．紫色

86．配制 $SnCl_2$ 溶液时，必须加　B　。

A．足量的水　B．盐酸　　C．碱　　D．Cl_2

87．人们非常重视高层大气中的臭氧，因为它　A　。

A．能吸收紫外线　　　B．有消毒作用
C．有毒性　　　　　　D．有漂白作用

88．向下列物质中加硫酸铜溶液和氢氧化钠溶液并加热，能起反应并产生红色沉淀的是　C　。

A．乙酸　　　B．淀粉　　C．福尔马林　D．乙醇

89．在单相桥式的整流电器中，若有一只整流二极管脱焊断路，则　D　。

A．电源短路　　　　　B．变压器输出电压减小

C. 电路仍正常工作　　　D. 电路变为半波整流

90. 在实际电路中，灯泡的正确接法是__B__。
A. 串联　　B. 并联　　C. 混联　　D. 不能确定

91. 量取 15.00mL 烧碱溶液，可以使用的仪器是__A__。
A. 碱式滴定管　　　　B. 50mL 容量瓶
C. 50mL 量筒　　　　D. 20mL 量筒

92. 在 $4P + 3KOH + 4H_2O = 3KH_2PO_2 + PH_3$ 的反应中，磷元素发生的变化是__C__。
A. 被氧化
B. 被还原
C. 既被氧化又被还原
D. 既没被氧化又没被还原

93. 加酸或加碱都会使下列离子在溶液中的浓度变小的是__A__。
A. HCO_3^-　　B. H^+　　C. NH_3　　D. AC^-

94. 为了清除滴定管中污染的二氧化锰，可采用__B__。
A. 硫酸溶液　　　　B. 酸性草酸溶液
C. 铬酸溶液　　　　D. 水溶液

95. 在用差减法称取试样时，在试样倒出前，使用了一只磨损的砝码，则对称量的结果产生__A__。
A. 正误差　　B. 负误差　　C. 说不清楚　　D. 不影响

96. 定量分析工作要求测定结果的误差__C__。
A. 越小越好
B. 等于零
C. 在允许误差范围内
D. 没有要求

97. 沉淀灼烧温度一般高达 800℃ 以上，灼烧时常用下列何种器皿　D　。

   A. 银坩埚　　　　　　　　B. 铁坩埚
   C. 玻璃砂芯滤器　　　　　D. 瓷坩埚

98. 液体和不溶解于其中的粉末混合而又没有沉淀析出和称为　B　。

   A. 溶液　　　B. 悬浊液　　C. 乳浊液　　D. 胶体

99. 下列物质的水溶液由于水解呈碱性的是　C　。

   A. $NaHSO_4$　　　B. Na_2SO_4　　　C. $NaHCO_3$　　　D. NH_3

100. 硫化氢和水的不同点表现在　A　。

   A. 硫化氢具有酸性
   B. 硫化氢的沸点较高
   C. 硫化氢更稳定
   D. 硫化氢具有碱性

101. 由于质子得失而互相转变的每一对酸碱，称为　D　。

   A. 酸　　　　B. 碱　　　　C. 盐　　　　D. 共轭酸碱

102. 滴加标准溶液的操作过程称为　B　。

   A. 滴定分析　　B. 滴定　　C. 滴定终点　　D. 等当点

103. 下论述中正确的是　B　。

   A. 精密度高，准确度一定高
   B. 准确度高，一定要求精密度高
   C. 精密度高，系统误差一定小
   D. 都不正确

104. 某反应的离子方程式是 $Ba^{2+} + SO_4^{2-} = BaSO_4$ 这是　D　。

   A. 化合反应　　　　　　　B. 置换反应

C. 氧化—还原反应　　　　D. 复分解反应

105. 某溶液的 pH 值为 2,说明该溶液 __B__ 。

A. $[H^+]$ 浓度小于 $[OH^-]$ 浓度

B. $[H^+]=0.01M$

C. 溶液中无 $[OH^-]$

D. $[H^+]=100M$

106. 实验室中常用的铬酸洗液是由哪两种物质配制的 __D__ 。

A. 铬酸钾和浓硫酸　　　　B. 铬酸钾和浓盐酸

C. 重铬酸钾和浓盐酸　　　D. 重铬酸钾和浓硫酸

107. 分液漏斗中用于分离 __C__ 。

A. 两种固体的混合物　　　B. 溶剂和溶质

C. 不混溶液体　　　　　　D. 有色溶液

108. 按 CJ18—86,污水排入城市下水道标准,六价铬允许最高的浓度为 __A__ 。

A. 0.5mg/L　　　　　　　B. 1.0mg/L

C. 2.0mg/L　　　　　　　D. 5.0mg/L

109. 一般低压用电器在 220V 交流电路中采用 __B__ 。

A. 串联联结　　　　　　　B. 并联联结

C. 混联联结　　　　　　　D. 任何联结

110. 对无心跳无呼吸触电假死患者应采用 __D__ 急救

A. 送医院

B. 胸外挤压法

C. 人工呼吸法

D. 人工呼吸和胸外挤压法同时

111. 下列物质的分子结构中,不含羰基的是 __B__ 。

A. 乙酸乙酯　　B. 苯酚　　C. 早醛　　D. 丙酮

95

112. 与缓冲溶液的缓冲容量大小有关的因素是__B__。
A. 缓冲溶液的 pH 范围
B. 缓冲溶液的总浓度
C. 外加的酸量
D. 外加的碱量

113. 为了清除滴定管中污染的二氧化锰,可采用__B__。
A. 硫酸溶液　　　　　　B. 酸性草酸溶液
C. 铬酸洗液　　　　　　D. 水

114. 碳氧两元素质量比是__C__。
A. C:O = 12:16　　　　B. C:O = 14:16
C. C:O = 12:32　　　　D. C:O = 14:32

115. 城市污水处理厂出水水质排放标准,BOD_5 最高允许排放浓度__A__。
A. $BOD_5 < 30mg/L$　　　B. $BOD_5 = 30mg/L$
C. $BOD_5 < 40$　　　　　D. $BOD_5 = 40mg/L$

116. 实验室常用化学试剂根据国产试剂规格分为四能,一般实验室所用的二级试剂称__C__。
A. 实验试剂　　　　　　B. 保证试剂
C. 分析纯　　　　　　　D. 化学纯

117. 总络测定加铜铁试剂,作隐蔽剂是__B__。
A. 去除氯离子的干扰　　B. 去除铜和铁的干扰
C. 去除有毒物质干扰　　D. 作催化剂

118. 氯化氢在下列情况下,能导电的是__C__。
A. 氯化氢气体　　　　　B. 液态氯化氢
C. 氯化氢水溶液　　　　D. 都可以

119. 测定 BOD_5 时稀释水的 pH 值应控制在__B__。

A.pH=3 B.pH=7.0~8.0
C.pH=10 D.pH=5

102. 接种的稀释水五日生化需氧量一般控制在 __A__ 。

A.0.6~1.0mg/L B.0.4~0.8mg/L
C.0.2mg/L D.2mg/L

121. 硫化物测定中加 Zn 粒的作用是 __C__ 。

A. 络合作用 B. 氧化作用
C. 还原作用 D. 分解作用

122. 氢焰鉴定器是检测 __B__ 。

A. 无机物 B. 有机物
C. 化合物 D. 微生物

123. 化学量测量中浓度与响应量之间的关系是 __A__ 。

A. 相关关系 B. 函数关系 C. 毫无关系

124. 物质的量的基本单位是 __B__ 。

A. 克分子 B. 摩尔 C. 克当量 D.ppm

125. 实验室内部质量评定的最常用最有效的方法是 __A__ 。

A. 质控图 B. 重复测量
C. 内部考核样 D. 都可以

(三) 计算题

1. 用直接法配制 0.1000N 的 $K_2Cr_2O_7$ 溶液 500mL 作标准溶液,问需称基准物质 $K_2Cr_2O_7$ 多少克?(原子量 K:39.10,Cr:52.00,O:16)

【解】 $E_{K_2Cr_2O_7} = \dfrac{294.2}{6} = 49$

$$N_1 V_1 = \dfrac{W \times 1000}{E}$$

$$\therefore \quad W = \frac{N_1 V_1 E}{1000} = \frac{0.1000 \times 500 \times 49.03}{1000} = 2.4515 \text{g}$$

2．测得污泥含水率为80.18％，真实数据为80.13％求绝对误差？相对误差？它的准确度是否达到要求？

【解】 绝对误差 = 80.18％ - 80.13％ = 0.05％

$$相对误差 = \frac{80.18\% - 80.13\%}{80.13\%} \times 100\% = 0.06\%$$

因为0.06％＜0.1％，所以它的准确度达到要求。

3．在测试某一水样氨氮含量时，取10mL水样至50mL比色管中，从含量（mg）与吸光度的标准曲线上查得氨氮含量为0.025mg，求水样中氨氮的含量。

【解】 $氨氮（N，mg/L）= \dfrac{0.025\text{mg} \times 1000\text{ml/L}}{10\text{ml}}$
$= 2.5 \text{mg/L}$

4．配制500mg/L的COD标准溶液1L，需称取多少邻苯二钾酸氢钾（$KHC_8H_4O_4$ M=204.23）

【解】 设称取 X（mg）邻苯二钾酸氢钾

$2KHC_8H_4O_4 + 15O_2 = K_2O + 16CO_2 + 5H_2O$

$\qquad 2 \qquad\qquad 15$

$\dfrac{X}{204.23} \qquad \dfrac{500}{32}$

$$\dfrac{\dfrac{X}{204.23}}{2} = \dfrac{\dfrac{500}{32}}{15}$$

$$X = \frac{204.23 \times 2 \times 500}{32 \times 15} = 425.5 \text{mg}$$

5．取水样20mL测定OC，耗去0.0125N $KMnO_4$，6.3mL，并且同时作85mL蒸馏水空白，耗去$KMnO_4$

0.3mL。求OC?

【解】 $OC = \dfrac{(6.3-0.3)\times 8\times 0.0125\times 1000}{20}$
$= 30 \text{ mg/L}$

答：OC为30m/L。

6. 已知浓H_2SO_4相对密度为1.84，其中H_2SO_4含量约为97%，求N，为欲配制$1L0.02NH_2SO_4$溶液，应取这种浓H_2SO_4多少毫升？

【解】 （1）$N = \dfrac{1.84\times 96\%\times 1000}{98/2} = 36N$

（2）设取$36NH_2SO_4 X$（mL）
$$1000\cdot 0.20 = X\cdot 36$$
$$X = \dfrac{1000\times 0.20}{36} = 5.6\text{mL}$$

7. 制备$0.3MH_2SO_4 5L$，需12M的H_2SO_4多少毫升。

【解】 $0.3\times 5000 = 12\times V$

$V = \dfrac{0.3\times 5000}{12} = 125\text{mL} \quad 12M \quad H_2SO_4$

$5000 - 125 = 4875\text{mL } H_2O$

8. 制备1:3浓度的HCl溶液1200mL，问取HCl，H_2O各多少？

【解】 $\dfrac{1200}{1+3} = 300$

$1\times 300 = 300\text{mL HCl}$

$3\times 300 = 900\text{mL } H_2O$

9. 用直接法配制0.200N的$K_2Cr_2O_7$溶液800mL作标准溶液，问需称取基准物质$K_2Cr_2O_7$多少克？

【解】 设需称取的$K_2Cr_2O_7$为W克

$$E_{K_2Cr_2O_7} = \frac{294}{6} = 49$$

$$N_1 V_1 = \frac{W \times 1000}{E}$$

$$\therefore W = \frac{N_1 V_1 E}{1000} = \frac{0.200 \times 800 \times 49}{1000} = 7.84\text{g}$$

10．测定总固体，空皿重 48.5848g，加入 50mL 水样烘干称重为 48.5918g，求总固体。

【解】：$E = \frac{(48.5918 - 48.5848) \times 1000 \times 1000}{50}$
$= 140\text{mg/L}$

11．将 0.850g 邻苯二甲酸氢钾（$KHC_8H_4O_4$）溶于适量蒸馏水后，用 0.200N NaOH 溶液滴定，问大约需要消耗 NaOH 溶液多少毫升？（$KHC_8H_4O_4 = 204$）

【解】 设需消耗 NaOH 溶液 V（mL）

$\because E_{KHC_8H_4O_4} = 204$

$V_1 = \frac{W \times 1000}{N_1 \cdot E} = \frac{0.850 \times 1000}{0.200 \times 204} = 20.8\text{mL}$

12．在测试某一水样的氨氮含量时，取 10mL 水样至 50mL 比色管中，从含量（mg）与吸光度的标准曲线上查得氨氮含量为 0.025mg，求水样中氨氮的含量。

【解】 氨氮 $= \frac{0.025\text{mg} \times 1000\text{mL/L}}{10\text{mL}}$
$= 2.5\text{mg/L}$

13．已知浓 HCl 相对密度为 1.19，其中含 HCl 37.2%，求其当量浓度？

【解】设 HCl 的当量浓度为 X

$X : 1000 = \frac{37.2}{36.5} : \frac{100}{1.19}$

$X = 12N$

14. 欲配 1L 0.5000N 的 NaOH 溶液，应取 0.5450N 的 NaOH 溶液若干毫升？

【解】
$$V_1 N_1 = V_2 N_2$$
$$1000 \times 0.5000 = V_2 \cdot 0.5450$$
$$V_2 = 917.5 \text{mL}$$

15. 6.2gNa_2O 溶于 93.8gH_2O 中，得到溶液的质量百分比浓度是多少？

【解】 $A\% = \dfrac{溶质}{溶液} = \dfrac{6.2}{6.2+93.8} \times 100\% = 6.2\%$

（四）简答题

1. 常压蒸馏应注意哪些问题？

答：（1）暴沸；（2）倒吸；（3）蒸馏时产生泡沫。

2. 样品采集有哪些原则要求？

答：样品采集的原则：力求以最低的采样频次，取得最有代表性的样品；充分考虑水体功能，影响范围以及有关水文要素；既要满足水质现状监测的需要，又实际可行。

3. 一台分光光度计的校正应包括哪四个部分？

答：（1）波长校正；（2）吸光度校正；（3）杂散光校正；（4）比色皿的校正。

4. 什么是混合物？

答：混合物是由各种不同的纯物质组成的。

5. 误差的绝对值与绝对误差是否相同？

答：误差的绝对值反应的是误差的大小，并没指明误差的方向，绝对误差（=给出值－真值）是反应给出值对真值的偏离，它既表示偏离的大小，也指明了偏离的方向，因此，它们是不同的。

6. 用 4-氨基安替比林法测定挥发酚时,存在哪些干扰因素?

答:色度、浊度、氧化剂、油类、硫化物、甲醛、亚硫酸盐等有机和无机还原物,以及芳香胺类均干扰测定。

7. 什么是标准物质?

答:已确定某一种或几种特性,用于校准测量仪器、评价测量方法或确定材料特性量值的物质。

8. 测定水中总铬的前处理中,要加入高锰酸钾、亚硝酸钠和尿素,它们的加入顺序如何?各起什么作用?

答:顺序:$KMnO_4 \longrightarrow$ 尿素 $\longrightarrow NaNO_2$

作用:$KMnO_4$ 将三价铬氧化为六价铬;$NaNO_2$ 还原掉过量的 $KMnO_4$,但要先加入尿素,尿素分解过量的 $NaNO_2$ 防止局部过量的 $NaNO_2$ 将六价铬还原。

9. 在分析化学中常用的分离方法有哪些?

答:有萃取法、沉淀法、蒸馏法、挥发法、离子交换法、色谱柱分离法。

10. 写出我国七个基本法定计量单位的名称和符号。

答:①长度　米　m　　②质量　千克　kg
③时间　秒　s　　④热力学温度　开(尔文)K
⑤电流　安(培)A ⑥物质的量　摩(尔)mol
⑦发光强度　坎(德拉)Cd

11. 实施环境监测质量保证的目的何在?在环境监测工作中对监测结果的质量有什么要求?

答:目的是取得正确可靠的监测结果。监测结果的质量应达到五性要求;代表性、完整性、精密性、准确性和可靠性。

12.气体和液体的主要区别是什么?

答:液体是固体和气体的过渡状态,并且显出其相应的性质。液体中的粒子也类似气体中的一样,还可以自由的活动。然而与气体相反,液体为相界面所包围。这点与固体相一致。

13.什么叫水质标准?(定义,依据)

答:制定出一系列杂质定量的规范叫水质标准。规定并限制水中某种杂质或成分浓度,指在保护水源,以及满足用户对水的质量要求。(定义)

给水方面,根据各种用户对水质要求。排水方面,根据排放有害物质容许的浓度。(依据)

14.对污水化验分析的原始数据有什么要求?

答:(1)记录要用钢笔或原珠笔填写在统一编号的记录上。

(2)不得随意撕页、涂抹、散失。

(3)修改错误的数据,在数据上划两条横线,表示消除。应保留原始数字清晰可辨的字迹。

(4)并留个人签字,以示负责。

15.什么是实验室内的质量控制工作?

答:实验室内的质量控制是全过程质量保证的一个重要环节,是指为保证实验室内分析质量所采取的一系列控制措施。

16.污水厂化验项目采用哪个标准检测?简述BOD_5 COD_{cr} SS及NH_3-N各用什么方法测定。

答:污水厂化验项目采用《城市污水水质检验方法标准》GJ126—91。

BOD_5用稀释倍数法测定,COD_{cr}用重铬酸钾法测定,

SS用重量法测定，NH_3-N用纳氏试剂比色法测定。

17. 简述天平的维护保养和操作要点。

答：天平必须防振防潮避免阳光直射；用前要调水平调零；严防腐蚀性药品洒落在天平盘上；天平需定期送检、专人保管、用后记录。

18. 硫酸银、硫酸汞在COD_{cr}测定中各起什么作用？什么情况下需加硫酸汞？

答：硫酸银在COD_{cr}测定中是起催化剂的作用，硫酸汞在COD_{cr}测定中是起消除Cl^-干扰作用。当Cl^-超过300mg/L时需加硫酸汞。

19. 化学耗氧量$KMnO_4$酸法的定义、单位、符号是什么？

答：定义是：水中各种还原物质（有机物、无机物）与强氧化剂作用，所耗去的氧化剂含量；

单位是：1L水中还原物质，在一定条件下，被氧化时所消耗的氧的毫克数，以O_2（mg/L）表示；

符号是：OC。

20. 发现检验结果有异疑时你如何处理？

答：发现检验结果有异疑时要寻找产生的原因，排除不利因素重新测定，并请另一位化验员同时测定。

21. 污水厂水质检验的目的是什么？

答：污水厂水质检验的目的是控制污染源、调节工艺参数、控制处理出水达标、评价污水处理效果。

22. 配制标准溶液的方法有哪几种？

答：配制标准溶液的方法有直接法和间接法两种。

23. 什么是金属指示剂？

答：金属指示剂是一种有机络合剂，与金属离子形成有色络合物，其颜色与游离的指示剂的颜色不同，因而它能因溶液中金属离子浓度的变化而变化。

24．校准曲线包括哪几种？

答：校准曲线包括标准曲线和工作曲线两种。

25．无氨蒸馏水如何制得？

答：无氨蒸馏水的制备方法是：用硫酸调节蒸馏水 pH<2，加热蒸馏，收集馏出液。

26．常规质量控制有哪几种方法？（请至少说出三种）

答：常规质量控制有平行双样测定、加标回收率测定、明码密码样测定、质控图、对照试验等等。

27．化学耗氧量 $KMnO_4$ 酸法测定原理是什么？

答：$KMnO_4$ 在酸性溶液中，当加热时，是一种强氧化剂，有氧化水中还原物质（有机、无机）的作用，水中有机物愈多，则 $KMnO_4$ 消耗量愈多，通过 $KMnO_4$ 消耗量，可以测知水中还原物质（主要是有机物质）含量的多少。

28．测定耗氧量有什么用途？

答：(1) OC 测定手续简单，速度快，在一定程度上可说明水体污染轻重，因此，在水质分析中，常被首先采用；

(2) 对工业废水性质，提供重要启示，能作出 BOD_5 近似概念，选择污水处理方案；

(3) 提供 BOD_5 稀释倍数。

29．总氮包括哪几种形式的氮？它们和污水处理有什么关系？

答：总氮包括有机氮、氨氮、亚硝酸盐氮和硝酸盐氮。在污水处理中，有机氮经微生物分解为氨氮，氨氮在氧的作用下转化为亚硝酸盐氮，亚硝酸盐在充足的条件下转化为硝酸盐氮。

30. 空白值与那些因素有关?

答:空白值与药品试剂的纯度、蒸馏水的质量、玻璃器皿的洁净度、所用仪器的灵敏度、操作人员的水平及实验室的环境质量等因素有关。

实际操作部分

1. 试题:硫代硫酸钠溶液浓度的标定

考核项目及评分标准

序号	操 作 内 容	满分	扣分	得分
1	无分度吸管的准确使用 (1) 原液洗 (2分); (2) 纸揩外壁 (2分); (3) 靠壁放液 (2分); (4) 停靠15~20秒钟 (2分)	8		
2	定容至 250mL	6		
3	加试剂药品 (1) 顺序 (4分); (2) 方法 (2分); (3) 数量准确 (2分)	8		
4	碘量瓶 (1) 摇匀 (2分); (2) 水封 (2分); (3) 暗处停放 5min (2分)	6		
5	准确使用滴定管 (1) 原液洗 (2分); (2) 从零开始 (4分); (3) 赶气泡 (2分)	8		
6	(1) 滴定熟练 (4分); (2) 流速准确 (4分); (3) 掌握终点好 (4分)	12		
7	(1) 滴定前后读数正确 (4分); (2) 及时记录 (2分)	6		
8	公式及计算结果准确 (1) $u\pm0.001$ (20分); (2) $u\pm0.002$ (16分) (3) $u\pm0.003$ (10分)	20		
9	平行性好 (1) 差 1d (8分); (2) 差 2d (4分); (3) 差 3d (0分)	8		
10	30min 内完成上述操作	10		
11	安全操作	8		
12	合 计	100		

2. 试题：氨氮的测定

考核项目及评分标准

序号	操作内容	满分	扣分现象	得分
1	氨氮标准溶液充分摇匀	6		
2	用标准溶液洗吸管三次	5		
3	看吸管刻度保持视线水平	4		
4	用滤纸擦吸管外壁	4		
5	将所吸标准溶液用水稀至约45mL	4		
6	加掩蔽剂和显色剂	8		
7	显色时间	4		
8	用水定容至50mL后摇匀	4		
9	仪器调零及满度，选波长	8		
10	校准比色皿	4		
11	至少测6点浓度（包括空白）	4		
12	倾入溶液为皿的2/3	3		
13	注意比色皿方向性	3		
14	正确读出吸光值，及时记录	5		
15	仪器复原	4		
16	测定已知样结果	10		
17	曲线线性	10		
18	安全操作	5		
19	按时完成（1h）	5		
20	合计	100		

3．试题：耗氧量测定

考核项目及评分标准

序号	操作内容	满分	扣分现象	得分
1	根据水样浓度确定取样量	15		
2	取样，摇匀，精确	5		
3	定容至100mL	15		
4	作空白试验	15		
5	加药品顺序准确	10		
6	控制加热时间	10		
7	安全，趁热，加药量准确	10		
8	滴定前后读数正确，及时记录	10		
9	滴定熟练，掌握终点好	10		
10	计算结果正确	10		
11	30min内完成上述操作	5		
12	安全操作	5		
13	合计	100		

4．试题：高锰酸钾溶液浓度的标定

考核项目及评分标准

序号	操作内容	满分	扣分	得分
1	无分度吸管的使用	10		
2	加试剂药品顺序正确	10		
3	控制加热时间	10		
4	安全、趁热加药量准确	10		
5	准确使用滴定管	5		
6	滴定熟练，流速准确掌握终点好	10		
7	滴定前后读数正确及时记录	10		
8	公式及计算结果准确	10		
9	平行性好	10		
10	安全操作	5		
合计		100		

5. 试题：亚硝酸盐的测定

考核项目及评分标准

序号	操 作 内 容	满分	扣分	得分
1	预处理取澄清水样方法正确	5		
2	亚硝酸钠标准溶液充分摇匀	5		
3	将所吸标准液用水稀释至50mL	10		
4	加试剂药品顺序正确	10		
5	仪器调零及满度、选波长校准比色皿	5		
6	至少测6点浓度（包括空白）	10		
7	倾入溶液为皿的2/3，并注意皿方向性	10		
8	正确读出吸光值，及时记录	10		
9	仪器复原	5		
10	曲线线性	10		
11	计算结果正确	10		
12	安全操作	5		
13	按时完成（1h）	5		
合计		100		

6. 试题：总铬测定

考核项目及评分标准

序号	评 分 标 准	满分	扣分	得分
1	正确取样量，取样正确	10		
2	加试剂药品顺序正确	10		
3	加3%KMnO$_4$溶液煮沸10min，保持红色不褪	10		
4	迅速加2mL乙醇，继续煮沸至溶液呈棕色			
5	加药0.05gMgO，调pH至中性过滤	10		
6	做铬标准	10		
7	用分光光度计进行比色	15		
8	计算结果正确	10		
9	安全操作	5		
10	按时完成（1h）	10		
合计		100		

7. 试题：COD 的测定

考核项目及评分标准

序号	评 分 标 准	满分	扣分	得分
1	确定取样量，取样正确（不足 20mL 时用水补足）	10		
2	空白试验	10		
3	加试剂药品的顺序正确	10		
4	加热回流 2h	10		
5	冷却后，先用水冲洗冷凝器壁，然后取下锥形瓶	10		
6	滴定熟练，流速准确，掌握终点好	15		
7	滴定前后读数正确，及时记录	5		
8	公式及计算结果准确	10		
9	安全操作	10		
10	按时完成	10		
合计		100		

8. 试题：BOD 的测定

考核项目及评分标准

序号	操 作 内 容	满分	扣分	得分
1	样品预处理	10		
2	pH 值的控制	5		
3	选择稀释倍数（可根据 OC 估算）	10		
4	稀释样品方法正确 培养 5 天后：	15		
5	剩余 DO≥1mg/L	10		
6	消耗 DO≥2mg/L 加试剂药品顺序正确	10		
7	滴定前后读数正确，及时记录			
8	滴定熟练，掌握终点好	10		
9	计算结果正确	10		
10	安全操作	5		
11	按时完成（40min）	5		
合计		100		

9. 试题：双联开关控制日光灯线路接线

考核项目及评分标准

序号	操 作 内 容	满分	扣分	得分
1	接线出错以改通电不成功扣50%	20		
2	火线未进开关扣20%	20		
3	开关线未进镇流器扣20%	20		
4	接线不合规程扣15%~25%	20		
5	违反电工操作规程扣20%~30%	10		
6	不能正确使用电工工具扣10%~20%	10		
7	超时不得分			
合计		100		

10. 试题：用兆欧计测量电炉绝缘电阻

考核项目及评分标准

序号	操 作 内 容	满分	扣分	得分
1	测法不正确扣30%~50%	20		
2	不会正确使用兆欧扣30%~50%	20		
3	读数不正确扣20%~30%	20		
4	不能正确判断电炉能否使用扣10%~20%	20		
5	违反操作规程损坏兆欧计扣30%~40%	20		
合计		100		

第三章　高级污水化验监测工

理论部分

(一) 是非题（对的划"√"，错的划"×"，正确答案写在每题括号内）

1. 分析测试中质量保证的目的之一是提供统计学基础以作出评价。　　　　　　　　　　　　　　　　（√）

2. 测定悬浮物固体，称量时天平门没关上是系统误差。
　　　　　　　　　　　　　　　　　　　　　　（×）

3. 要去除苯里混有苯酚，可以加入适量的 NaOH 溶液，使苯酚生成苯酚钠并溶于水溶液中，用分液法可去除。（√）

4. 钢瓶应远离热源放置。　　　　　　　　　　（√）

5. 有机溶剂起火时，可用水去灭火。　　　　　（×）

6. 清洁器皿和往下水道倒废料时，应将有毒废渣倒入专用容器内，另作销毁处理。　　　　　　　　　　（√）

7. 一个反应的 ΔG 数值越负，其自发进行的倾向越大，反应速度越快。　　　　　　　　　　　　　　　（×）

8. P 型半导体空穴多数是载流小，故带正电。　（×）

9. 相同原子间的双键的键能等于其单键键能的两倍。
　　　　　　　　　　　　　　　　　　　　　　（×）

10. 0.2mol/L 的 HAC 溶液中的氢离子浓度是 0.1mol/L HAC 溶液中氢离子浓度的两倍。　　　　　（×）

11. 对计量器具要严格执行检定，包括入实验室前，使用中，返还时的技术检定。　　　　　　　　　　　（√）

12. 为了使实验室工作人员不吸入或咽入一些有毒的，可致病的或毒性不明的化学物质和有机体，实验室中应有良

好的通风。 （√）

13．原子吸收分光度计中喷雾-燃烧器应有良好的耐腐蚀性。 （√）

14．在气相色谱测定中，若不慎将注射器芯子全部拉出，则此注射器就不可再使用。 （×）

15．不同的分析方法，不同的分析仪器，对配用的计算机的要求是不同的。 （√）

16．在质量控制图中如遇有 7 点连续下降或上升时，表示测定有失控的趋势。 （√）

17．凡是能起银镜反应的都是醛类。 （×）

18．在某一无色溶液中滴加 $BaCl_2$ 溶液,产生白色沉淀,然后加入盐酸,沉淀不消失,则此溶液中一定含有 SO_4^{2-} 离子。 （×）

19．通电线圈在磁场中的受力方向，可以用左手定则判别，也可以用楞次定律判别。 （√）

20．凡使用乙炔作燃料气，必须注意管道系统禁止使用铜的材料。 （√）

21．对某项测定来说，它的系统误差大小是可以测量的。 （√）

22．纯水中氢离子和氢氧根离子的浓度（单位：mol/L）相等。 （√）

23．在分光光度计中，钨灯用于紫外光区。 （×）

24．原子化系统的作用是将试样中待测元素转变为原子蒸气。 （√）

25．在光谱定量分析法中，发射光谱法没有应用到比耳定律。 （√）

26．分析测试的质量保证的目的之一是为了改善实验室之间数据可比性的基础。 （√）

27．两位化验员同时测定一批 100～200mg/L 的 COD 标准溶液，结果均相差 0.6mg/L 左右，其误差是恒定的个人误差。　　　　　　　　　　　　　　　　　（√）

28．只从其燃烧的产物中有 CO_2 和 H_2O，能确定有机物分子中含有氧。　　　　　　　　　　　　　　（×）

29．氧气钢瓶的螺扣，表头能用橡皮圈或用油脂类涂封。　　　　　　　　　　　　　　　　　　　　　（×）

30．电器起火时，应先切断电源。　　　　　　（√）

31．清洁器皿或往下水道倒废料时，可将有毒废液直接倒入下水道。　　　　　　　　　　　　　　　　（×）

32．反应 A＋B＝C＋热，达到平衡后，如果升高体系的温度则生成物 C 的产量减少，反应速度减慢。　（×）

33．盐都是离子化合物。　　　　　　　　　　（×）

34．将 0.2mol/L 的 NH_4AC 溶液稀释 1 倍或加热，都将使水解度增大。　　　　　　　　　　　　　　　（√）

35．磷酸溶液中 H^+ 的浓度是 PO_4^{3-} 离子浓度的 3 倍。
　　　　　　　　　　　　　　　　　　　　　（×）

36．计量是带有法制性的，保证单位统一和量值的准确可靠的测量。　　　　　　　　　　　　　　　　（√）

37．原子吸收分光光度计中光源的作用是提供给原子吸收所需的稳定性高，强度大的锐线光辐射。　（√）

38．气相色谱仪的进样器的硅胶密封垫圈可无限次进样，无须更换。　　　　　　　　　　　　　　　（×）

39．计算机在分析化学中的应用，是计算机科学，数字和分析化学知识相结合的产物。　　　　　　　（√）

40．摩尔吸光系数值越大，溶液对该波长的光吸收越敏感。　　　　　　　　　　　　　　　　　　　（√）

41．气相色谱法中通常认为恰能分辨的响应信号最小应为噪音的两倍。（√）

42．如果烃中有相同的各元素的质量百分比，也不一定是同一种烃。（√）

43．乙烯使高锰酸钾褪色，是乙烯被高锰酸钾氧化的结果；乙烯使溴水褪色，也是乙烯被氧化的结果。（×）

44．在电路中所需的各种直流电压，可以通过变压器变换获得。（×）

45．放大器平时用图解分析法的最大优点是精确。（√）

46．对偶然误差来说，大小相近的正误差和负误差出现的机会是相等的。（√）

47．柠檬汁（pH=2）的酸度用 H^+ 离子浓度（单位：mol/L）表示比啤酒（pH=5）大3倍。（×）

48．在分光光度计中，石英比色皿适用于紫外光区。（√）

49．荧光波长永远大于激发光波长。（√）

50．在紫外吸收光谱中，由于取代基或溶剂的影响，使吸收带波长变长的称为蓝移。（×）

51．分析测试的质量保证的目的之一是降低测量误差到允许的程度。（√）

52．加入标准物质的量与待测物质的浓度水平相等或接近为宜，一般加标量是待测物质含量的1～3倍。（√）

53．对某一分析方法来说，精密度要求越高，测定下限高于检测越多，则测定上限高于检测限越多。（×）

54．氩气钢瓶的颜色是灰色的。（√）

55．易燃溶剂，可用火直接加热。（×）

56．清洁器皿和往下水道倒废料时，以及往大气中排放

气体时,都应想到污染问题,尽量避免污染环境。　　（√）

57. 1L 4.00mol/L 的硫酸溶液,其 H^+ 浓度为 8.00 mol/L。　　（×）

58. 晶体三极管是电压放大元件。　　（×）

59. 原子形成共价键的数目,等于气态原子的未成对的电子数。　　（×）

60. 在一个氧化还原反应中,如果两电对的电极电位相差越大,则氧化还原反应的速度越快。　　（×）

61. $SnCl_2$ 溶液经久放置容易出现混浊。　　（√）

62. 计量检定工作是包括周期检定和辅助检定。　　（√）

63. 原子吸收分光光度计的原子化装置的作用是提供一定的能量,使试样分解成基态原子,进入光源的辐射光程之中。　　（√）

64. 在气相色谱测定中,用注射器取好样可不立即进样。　　（×）

65. 联机计算机系统与脱机计算机系统的主要差别在于分析仪器与计算机之间有了直接的通讯线——电子接口。
　　（√）

66. 线性范围是指某一方法的校准曲线的直线部分所对应的待测物质的浓度（或量）的变化范围。　　（√）

67. 凡是分子中有双键的有机物都能使 $KMnO_4$ 溶液褪色,都属于烯烃。　　（×）

68. 苯只能在催化剂作用下与纯溴反应,而苯酚在一般条件下就能与溴水反应。　　（√）

69. 只要不超过三极管的任一项极限参数,三极管工作就不会损坏。　　（×）

70. 误差是以真值为标准的,偏差是以平均值为标准的。实际工作中获得的所谓"误差",实质上仍是偏差。

(√)

71．碳酸氢钠中含有氢,故其水溶液呈酸性。　　(×)

72．用纯水洗涤玻璃仪器时,使其既干净又节约用水的方法原则是少量多次。　　(√)

73．因为人体电阻为800Ω,所以360V工频电压能绝对保证人身安全。　　(×)

74．离子选择性电极测定的是离子的浓度。　　(×)

75．描述色谱柱效能的指标是理论塔板数。　　(√)

76．淀粉溶液不同于食盐溶液,它具有丁达尔现象。

(√)

77．使用催化剂可同时加快可逆反应的正、逆反应速度,缩短达平衡的时间。　　(√)

78．在中和滴定实验中,用移液管移取待测液后,将其尖嘴部分残留液不应吹入的也吹入锥形瓶中,这会使待测液的浓度测定值偏高。　　(×)

79．活性碳可以净化某些气体和液体。　　(√)

80．国际GB8978—88中规定硫化物测定方法（低浓度）为对氨基二甲基苯胺比色法。　　(√)

81．建立控制图的目的之一是建立数据置信限的基础。

(√)

82．不好的分析结果只可能是由操作人员在操作过程中有差错引起的。　　(×)

83．测定水样中六价铬的预处理法为蒸馏法。　　(×)

84．蒸馏时,蒸馏瓶中的液体最多不能超过此瓶容积的2/3,最少不能小于1/3。　　(√)

85．某化验室有4只500W的电炉同时使用,则8A的

熔断器足够了。 (×)

86. 容器和溶液的体积都随温度的改变而改变。 (√)

87. 氧的原子量等于氧的质量数。 (×)

88. 氯仿、石油醚是易挥发、易燃的试剂。 (√)

89. 当溶液达到饱和状态后,无论如何也不能溶解该溶质了。 (×)

90. 普通蒸馏水煮沸数分钟即得无氨蒸馏水。 (×)

91. 丙酮的结构式为 $CH_3-\underset{\underset{O}{\|}}{C}-CH_3$。 (√)

92. 耗氧量(OC)比化学需氧量(COD)更彻底反映污水中的有机物数量。 (×)

93. 对易发生化学反应的药品,可放在一起保存。 (×)

94. CJ18—86中规定严禁向城市下水道倾倒垃圾。 (√)

95. 为节约试剂,每次试剂称量完毕后,多余试剂应倒回原试剂瓶中。 (×)

96. 为确保分析结果的准确度,移液管、容量瓶用前必须烘干。 (×)

97. 滴定时,第一次用去23.02mL标准溶液,因此在滴定第二份试样时可以从23.02mL处开始继续滴定。 (×)

98. 过滤高锰酸钾溶液时,不可以采用滤纸过滤。 (√)

99. 滴定时发现过量一滴溶液,只要在总体中减去0.04mL就不会影响结果。 (×)

100. 将坩埚钳放在桌面上时,其尖头应朝上放置。 (√)

101. 一级试剂的名称是化学纯,符号是GR,标签色别是绿色。 (×)

102. 二级试剂的名称是分析纯,符号是 AR,标签色别是红色。（√）

103. 倾注法过滤是先把上层清液倾入漏斗,使沉淀尽可能留在烧杯内。（√）

104. 游码本身的重量为 10mg,把游码放在右边第一大格处,可视为加 1mg。（√）

105. 烘箱一般作干燥用时,温度控制应该在 110℃。（×）

106. 容量瓶配制溶液时,应事先洗净后放在烘箱里烘干。（×）

107. 化合物具有相同的分子式,但具有不同结构和性质的现象叫做同分异物现象。（√）

108. 决定某类有机化合物的化学特性的原子或原子团叫做官能团。（√）

109. 饮用水的六价铬含量不得超过 0.5mg/L。（√）

110. 实验试剂的符号是 LR,瓶签颜色通常是蓝色。（×）

111. 甲酸分子既有羧基、又有醛基,所以它既具有还原的性质,又具有酸的性质。（√）

112. 1mol 的某烃完全燃烧后生成 2mol 的 CO_2 和 3mol H_2O 该烃的名称是乙烷,分子式是 C_2H_6。（√）

113. 在分析工作中,一般要求能准确称量到 1/10mg。（×）

114. 水样采取后,应尽速分析,严重污染的水,允许存放时间≯48h。（×）

115. 1mg/L≈1ppm。（√）

116. 二甲酚橙适用的 pH 范围约为小于 6,在该 pH 范围中为黄色,二甲酚橙与金属离子络合物的颜色为红色。

(√)

117. 六价铬的毒性比三价铬的毒性强 100 倍。 (×)

118. 在进行运算时,应注意有效值数,例如 15.4216+1.42+0.123+0.05421,其结果应写成 12.01881。 (×)

119. 醇和酸发生酯化反应而生成的化合物称为酯。

(√)

120. 乙二酸俗称草酸,它的酸性比醋酸强的多,它除了具有羧酸的一般性质外,还具有氧化性。 (×)

121. 标定 HCl 时可以用 Na_2CO_3 或硼砂作基准物,用甲基红作指示剂。 (√)

122. 标定高锰酸钾溶液时,可用草酸钠作基准物用淀粉作指示剂。 (×)

123. 滴定管读取初读数前,应将管尖悬挂着的溶液除去,在读取终读数前,应注意检查出口管尖是否悬有溶液,如有则此读数不能取用。 (√)

124. 36V 是安全电压,所以使用 36V 电源是绝对安全的。 (×)

125. 生石灰是用石灰石高温煅烧而制得的。检验生石灰中是否有石灰石的方法:是取一块样品,将它放入足量的盐酸中,如果有气泡生成,说明含有未烧透的石灰石。(√)

(二)选择题(正确答案的序号写在每题横线上)

1. 气相色谱的定量分析是根据 __D__ 来进行的。

A. 死时间　　　　　　B. 保留时间

C. 调理保留时间　　　D. 峰面积

2. 原子吸收 1% 灵敏度是指吸光度等于 __C__ 时,相应的元素的浓度。

A.0.44　　B.0.044　　C.0.0044　　D.0.00044

3．欲将两组测定结果进行比较，看有无显著差异，则应当用　B　。

A．先用 t 检验后用 F 检验　　B．先用 F 检验后用 t 检验

C．先用 Q 检验再用 t 检验　　D．先用 t 检验再用 Q 检验

4．铬黑 T 指示剂的适用 pH 范围为　A　。

A.7～10　　B.1～2　　C.4～5　　D.11～12

5．配制 $SnCl_2$ 溶液时，必须加　B　。

A．足量的水　　B．盐酸　　C．碱　　D.Cl_2

6．人们非常重视高层大气中的臭氧，因为它　A　。

A．能吸收紫外线　　B．有消毒作用

C．有毒性　　　　　D．有漂白作用

7．合成氨原料气定量分析　B　。

A．薄层色谱法　　B．气相色谱法

C．紫外光谱法　　D．发射光谱法

8．下列溶液中哪种溶液的 pH 值最大　A　。

A.0.1mol/L HAC 加等体积的 0.1mol/LHCl

B.0.1mol/L HAC 加等体积 0.1mol/LNaOH

C.0.1mol/L HAC 加等体积蒸馏水

D.0.1mol/L NaAC 加等体积的 0.1mol/L HAC

9．惠斯登电桥是测量　D　性质的。

A．迁移数　　B．电感　　C．电压　　D．电阻

10．测定苯一般采用　B　。

A．重量法　　　　B．气相色谱法

C．原子吸收法　　D.ICP 法

11．制备无酚水，加 NaOH 至 pH 为多少，使水中酚生成不挥发的酚钠后，进行蒸馏制得　D　。

121

A．<2　　B．4~6　　C．8~10　　D．>11

12．某元素位于周期表中第三周期，以下的判断哪一个是正确的__B__。

A．该元素原子有三个价电子

B．该元素原子核外有3个电子层

C．该元素原子有3种电子亚层

D．该元素原子有3个电子轨道

13．向下列物质中加硫酸铜溶液和氢氧化钠溶液并加热，能起反应并产生红色沉淀的是__C__。

A．乙酸　　B．淀粉　　C．福尔马林　　D．乙醇

14．纤维素与浓硝酸的作用（用浓硫酸脱水）制得硝酸纤维的反应属于__C__。

A．硝化反应　　　　B．加成反应

C．酯化反应　　　　D．消除反应

15．安装全波整流电路时，若误将任一只二极管接反了，产生的后果是的__D__。

A．输出电压是原来的一半

B．输出电压的极性改变

C．只有接反的二极管烧毁

D．可能两只二极管均烧毁

16．在单相桥式的整流电路中，若有一只整流二极管脱焊断路，则__D__。

A．电源短路　　　　B．输出电压减小

C．电路仍正常工作　D．电路变为半波整流

17．在实验室中常用的去离子水中，加入1~2滴酚酞试剂，则应呈现__A__。

A．无色　　B．红色　　C．黄色　　D．紫色

18. 离子交换的亲和力是指__B__。
  A. 离子在离子交换树脂上的吸附力
  B. 离子在离子交换树脂上的交换能力
  C. 交换树脂对离子的选择性吸收
  D. 交换树脂对离子的渗透能力

19. 同一电子能级，振动态变化时所产生的光谱波长范围是__C__。
  A. 可见光区　　　　　B. 紫外光区
  C. 红外光区　　　　　D. x 射线区

20. 所谓真空紫外区，其波长范围是__A__。
  A. $100\sim200$nm　　　B. $200\sim400$nm
  C. $400\sim800$nm　　　D. 10^3nm

21. 在火焰原子化法中，影响谱线半宽度的主要因素__B__。
  A. 原子无规则的热运动
  B. 吸收原子与外界气体分子间相互碰撞
  C. 同种原子相互碰撞
  D. 自吸现象

22. 在原子吸收分析中，测定元素的灵敏度，准确度及干扰等，在很大程度上取决于__C__。
  A. 空心阴极灯　　　B. 火焰
  C. 原子化系统　　　D. 分光系统

23. 双光束原子吸收分光光度计与单光束原子吸收分光光度计相比，其特点：__D__。
  A. 可以扩大波长的范围
  B. 便于采用最大的狭缝宽度
  C. 允许采用较小的光谱通带

123

D. 可以抵消因光源的变化而产生的误差

24. 下列哪种物质中分子相距最远　D　。
   A. 水，固态　　　　　　B. 水，液态
   C. 溴，液态　　　　　　D. 溴，气态

25. 在同一种离子交换柱上，对同价离子来说，不同离子的亲和力是　A　。
   A. 水合离子半径愈小则愈大
   B. 离子半径愈小则愈大
   C. 原子序数愈小则愈大
   D. 核外电子数愈多则愈大

26. 气相色谱中分离度 R 取什么时，两组分恰好完全分离　C　。
   A. 0.95　　B. 1.0　　C. 1.5　　D. 1.9

27. 原子吸收所用的光源，需用什么灯　B　。
   A. 钨丝灯　　　　　　B. 空心阴极灯
   C. 氘灯　　　　　　　D. 白炽灯

28. 分子筛作为一种特殊性质的吸附剂，常用于气固色谱。不同组分的分子通过分子筛时，根据分子筛什么而分离　D　。
   A. 化学组分的不同　　　B. 结构水的残留量
   C. 表面吸附的不均匀性　D. 孔径的大小

29. 二甲酚橙适用的 pH 范围约为　A　。
   A. <6　　B. 7~8　　C. 9~10　　D. >11

30. 加热就能生成少量氯气的一组物质是　D　。
   A. NaCl 和 H_2SO_4　　B. NaCl 和 MnO_2
   C. HCl 和 Br_2　　　　D. HCl 和 $KMnO_4$

31. 有机化合物的定性分析　C　。

A. 原子吸收光谱法　　B. 紫外光谱法
C. 质谱法　　　　　　D. 气相色谱法

32. 矿物中痕量金属的定量分析__D__。

A. 紫外光谱法　　　　B. 核磁共振法
C. 质谱法　　　　　　D. 原子吸收光谱法

33. 下列各物质的水溶液pH>7的是哪个__D__。

A. NH_4Cl　　B. Na_2SO_4　　C. $AlCl_3$　　D. Na_3PO_4

34. 在实验室为配制$SnCl_2$溶液，并能较长时间保存，应__C__。

A. 把$SnCl_2$固体直接溶于蒸馏水中

B. 把$SnCl_2$固体溶于碱水中

C. 把$SnCl_2$固体溶于用盐酸酸化过的蒸馏水中，然后加入少量的Sn粒

D. 不能配制$SnCl_2$溶液。

35. 测定汞一般采用__A__。

A. 冷原子吸收法　　　B. 滴定法
C. 重量法　　　　　　D. 比色法

36. 制备无有机物水，在水中加入少量的高锰酸钾的溶液，再蒸馏即得__B__。

A. 酸性　　B. 碱性　　C. 中性　　D. 偏酸性

37. 某元素X的气态氢化物的分子式表示为H_2X，则X的最高价态氧化物的水化物的分子式是__D__。

A. H_2XO_3　　B. HXO_3　　C. H_3XO_4　　D. H_2XO_4

38. 互为同分异构体的一对物质是__B__。

A. 淀粉和纤维素　　　B. 蔗糖和麦芽糖
C. 氯乙烯和聚氯乙烯　D. 乙醇和乙醚

39. 下列物质哪一类不是糖类化合物__B__。

A．葡萄糖　　B．油脂　　C．果糖　　D．纤维素

40．在纯净的半导体材料中掺入微量的五价元素磷，可形成__A__。

A．N 型半导体　　　　B．P 型半导体
C．PN 结　　　　　　D．导体

41．下列做法中哪一种是正确的__B__。

A．把乙炔钢瓶放在操作时有电弧和火花发生的实验室里

B．在使用玻璃电极前，将其在纯水中浸泡过夜

C．在电烘箱中蒸发盐酸

D．把耗电在 2kW 以上的设备接在照明用电上

42．在萃取分离中，达到平衡状态时，被萃物质在有机相和水相中都具有一定的浓度，它们的浓度之比称为__D__。

A．稳定常数　　　　B．摩尔比
C．络合比　　　　　D．分配系数

43．实验室中，离子交换树脂常用于__B__。

A．鉴定阳离子

B．净化水以制备纯水

C．作酸碱滴定的指示剂

D．作干燥剂和气体净化剂

44．放大器接入负载后，电压放大倍数会__A__。

A．下降　　　　　　B．增大
C．不变　　　　　　D．有时增大，有时减小

45．下面 4 个化合物中，能作为近紫外区的溶剂有__D__。

A．苯　　B．丙酮　　C．四氯化碳　　D．环己烷

46. 原子吸收分析中，噪声干扰主要来源于__B__。
 A. 空心阴极灯　　　　B. 原子化系统
 C. 检测系统　　　　　D. 前三种都是

47. 原子吸收的定量方法——标准加入法，清除了__C__干扰。
 A. 分子吸收　　　　　B. 背景吸收
 C. 基本效应　　　　　D. 光散射

48. 化学中的力，__A__在化学中最重要。
 A. 电力　 B. 重力　 C. 机械力　 D. 原子核力

49. 基本粒子中，在一切电中性原子中，__B__不存在。
 A. 质子　 B. 中子　 C. 电子　 D. 核子

50. 冷原子吸收法测定废水中汞含量时，为了把有机汞转变成无机汞，水样需要经过消化，所用的消化剂是__D__。
 A. 浓 H_2SO_4　　　　　B. $KMnO_4$
 C. 浓 HNO_3　　　　　D. 浓 $H_2SO_4 + KMnO_4$

51. 原子吸收中的标准加入法，常用于消除什么干扰__C__。
 A. 电离　 B. 化学　 C. 基本效应　 D. 外界光源

52. 火焰原子吸收法往往需要控制气体的行程速度（V）和火焰的燃烧速度（S），只有什么情况时，火焰才能稳定燃烧__A__。
 A. V 大于等于 S　　　B. V 远远大于 S
 C. V 小于 S　　　　　D. V 远远小于 S

53. 欲将测定结果的平均值与标准值之间进行比较，看有无显著性差异，则应当用__A__。
 A. t 检验　　　　　　B. F 检验

C. Q 检验 D. 前三种都可以

54. 铬黑 T 与金属离子结合后的颜色为 __B__ 。

A. 蓝色　　B. 红色　　C. 白色　　D. 黄色

55. 不溶于浓氨水的是 __D__ 。

A. 溴化银　　B. 氯化银　　C. 氟化银　　D. 碘化银

56. 下列化合物其摩尔浓度相同，碱性最强的是 __C__ 。

A. HCl　　B. HI　　C. HAC　　D. HNO_3

57. 已知成分的有机混合物的定量分析，选 __A__ 。

A. 色谱法　　　　B. 红外光谱法
C. 紫外光谱法　　D. 核磁共振法

58. __C__ 能把铁离子从铝离子中分离出来。

A. KCNS　　　　　B. $NH_3·H_2O$
C. NaOH　　　　　D. $(NH_4)_2CO_3$

59. 一氧气瓶，安全耐压 150 大气压。现于 7℃ 时充入 100 大气压的氧气（设为理想气体），问氧气瓶受热以后温度超过 __C__ 就有危险。

A. 105℃　　B. 100℃　　C. 147℃　　D. 157℃

60. 气相色谱法中常用注射器手动进样。注射器在使用前后都须用 __A__ 清洗。

A. 丙酮　　　　　B. 氢氧化钠溶液
C. 氢氧化钾溶液　D. 水

61. 制备无氨水，向水中加硫酸至 pH 为 __D__ ，蒸馏后即得。

A. 大于 10　　B. 10~8　　C. 6~4　　D. 小于 2

62. 元素周期表中元素的周期序数与原子的 __B__ 相同。

A. 核内质子数　　B. 核外电子层数
C. 核内中子数　　D. 最外层电子数

63. 下列物质既能与酸反应又能与碱反应的是__C__。

A. 乙醇　　B. 果糖　　C. 氨基酸　　D. 苯酚

64. 某交流电路已知电压的初相为245°，电流初相为负23°，电压与电流的相位点是__D__。

A. 电压超前电流268°　　B. 电流超前电压222°
C. 电压超前电流92°　　D. 电压滞后电流92°

65. 在控制电路和信号电路中，耗能元件必须接在电路的__D__。

A. 左边　　　　　　　　B. 右边
C. 靠近电源干线的一边　　D. 靠近接地线的一边

66. 汽油等有机溶剂着火时，不能使用下列哪种灭火剂__B__。

A. 砂　　B. 水　　C. 二氧化碳　　D. 四氯化碳

67. 液-液萃取分离法，其萃取过程是__A__。

A. 将物质由疏水性转变为亲水性
B. 将水合离子转化为络合物
C. 将物质由亲水性转变为疏水性
D. 将水合离子转化为溶于有机试剂的沉淀

68. 欲测定饮用水中的微量氟，采用下列方法中哪种最为合适__A__。

A. 离子选择电极法　　B. 发射光谱法
C. 火焰光度法　　　　D. 重量分析法

69. 光量子的能量正比于辐射的__A__。

A. 频率　　B. 波长　　C. 传播速度　　D. 周期

70. 原子光谱来源于__B__。

A. 原子的次外层电子在不同能级之间的跃迁
B. 原子的外层电子在不同能级之间的跃迁

C. 原子核的转动

D. 原子核的振动

71. 在发射光谱分析中，具有低干扰，高精度，低检测限和大线性范围的光源是__D__。

A. 直流电弧　　　　B. 低压交流电弧

C. 高压火花　　　　D. 电感耦合等离子体

72. 空心阴极灯的主要操作参数是__B__。

A. 灯电压　　　　　B. 灯电流

C. 阴极温度　　　　D. 内充气体压力

73. 混合物的分离，吸附作用在__A__中起主要作用。

A. 色层分离法　　　B. 过滤

C. 蒸馏　　　　　　D. 冷凝

74. 离子交换树脂的交联度对树脂性能有很大影响。交联度小。则树脂__A__。

A. 交换反应的速度快　B. 对水的溶胀性能差

C. 机械强度高　　　　D. 网眼小

75. 下列哪种物质中分子相距最远__D__。

A. 水、固态　　　　B. 水、液态

C. 溴、液态　　　　D. 溴、气态

76. 下列化合物既能与氢氧化钠反应，又能与盐酸反应的是__D__。

A. 苯胺　　B. 苯酸　　C. 氯乙烷　　D. 乙酰胺

77. 下列化合物中，属于硝基化合物的是__A__。

A. NO_2　　B. NO　　C. CH_3ONO_2　　D. CH_2ONO_2

78. 晶形沉淀的沉淀条件是__C__。

A. 浓、搅、慢、冷、陈　　B. 稀、快、热、陈

C. 稀、搅、慢、热、陈　　D. 都可以

79. 在比色分析中，若试剂有色，试液无色，应选用__B__作参比溶液

A．试液　　B．试剂　　C．溶剂　　D．蒸馏水

80. 一般低压用电器在220V交流电路中采用__B__。

A．串联联结　　　　B．并联联结

C．混联联结　　　　D．任何联结

81. 滴定管活塞中涂凡士林的目的是__C__。

A．堵漏

B．使活塞转动灵活

C．使活塞转动灵活和防止漏水

D．操作规定要用

82. 在用漏斗过滤中，滤纸的大小应与漏斗相适应__C__。

A．一般滤纸边缘应比漏斗边缘高1cm左右

B．一般滤纸边缘应与漏斗边缘相平

C．一般滤纸边缘应比漏斗边缘低1cm左右

D．都可以

83. 在滤纸的炭化过程中，如遇滤纸着火__C__。

A．要用嘴吹灭

B．让它烧完后熄灭

C．用坩埚盖盖住，使坩埚内火焰熄灭

D．用蒸馏水冲

84. 与乙醚互为同分异构的是__D__。

A．乙醇　　　　　　B．乙醛

C．丁酮　　　　　　D．乙-甲基-1-丙醇

85. 下列物质的分子结构中，不含羰基__D__。

A．乙酸乙酯　　B．苯酸　　C．甲醛　　D．丙酮

86. 日光灯照明电路中,火线应接入__B__。
A. 日光灯灯座　　　　B. 日光灯开关
C. 日光灯镇流器　　　D. 日光灯启辉器

87. 天平称量中得出称量结果的方法是__C__。
A. 由天平盘中的砝码读出
B. 由砝码匣中的空位求出
C. 先根据砝码匣中的空位求,再将砝码放入匣内的固定位置时再复核一遍

88. 用移液管移取液体调整刻度时__C__。
A. 移液管尖端应插在液面内
B. 移液管尖端不应插在液面内
C. 移液管应垂直,其尖端应离开液面并紧贴待吸液容器内壁

89. 色谱鉴定器的作用是将色谱柱分离后的各组分转换为__C__。
A. 化学信号　　　　B. 光信号
C. 电信号　　　　　D. 原子信号

90. COD_{cr}测定时加$HgSO_4$目的是消除干扰__C__。
A. SO_4^{2-}干扰　　　B. NO_3^-干扰
C. Cl^-干扰　　　　　D. NO_2^-干扰

91. 原吸测定中下面哪一条线不是共振线__D__。
A. 吸收线　　　　B. 灵敏线
C. 分析线　　　　D. 基线

92. 下列物质的分子结构中,不含羰基的是__B__。
A. 乙酸乙酯　　B. 苯酚　　C. 甲醛　　D. 丙酮

93. 分光光度计中的光量调节的作用是__C__。
A. 得到单色光　　　　B. 稳定入射光强度

C. 为使参比溶液的吸光度为最大

D. 调节透射光的强度并使参比溶液的吸光度调零

94. 在光度分析中,某溶液的最大吸收波长（λ_{max}）__C__。

A. 随有色溶液浓度增大而增大

B. 随有色溶液浓度增大而减小

C. 有色溶液浓度变化时,其值不变

D. 随有色溶液浓度增大和变小,它都要变

95. 下列气体不能用浓硫酸干炼的是__D__。

A. SO_2 B. Cl_2 C. CO_2 D. H_2S

96. 向纯碱溶液中滴入几滴酚酞试液,溶液呈粉红色,微热后溶液的颜色__B__。

A. 不变   B. 加深   C. 变浅   D. 消失

97. 原子量是分析化学的__A__。

A. 量值基础　　　　B. 物质基础

C. 经济基础　　　　D. 前三种都不是

98. 试样溶液完全移入容量瓶以后__A__。

A. 当稀至2/3处时应先摇匀溶液,再稀至刻度后再摇匀

B. 在稀至2/3处时盖上瓶塞倒转摇匀后,再稀至刻度再摇匀

C. 一次稀至刻度后摇匀

99. 进行移液管和容量瓶的相对校正时__B__。

A. 移液管和容量瓶的内壁必须都绝对干燥

B. 容量瓶内壁必须绝对干燥,移液管内壁可以不干燥

C. 容量瓶和移液管内壁不必干燥

100. 腐蚀性药品进入眼睛时,应该__B__。

A. 直接去医院　　B. 立即用大量水冲洗，然后急诊
C. 直接涂烫伤膏　D. 立即用毛巾擦眼睛

101. 在滴定分析中，一般利用指示剂颜色的突变来判断等当点的到达，在指示剂变色时停止滴定，这一点称为__D__。

　A. 等当点　　　　　B. 滴定分析
　C. 滴定　　　　　　D. 滴定终点

102. 分光光度法与普通比色法的不同点是__A__。
　A. 工作范围不同　　B. 光源不同
　C. 检测器不同　　　D. 检流计不同

103. 在室温下干燥的空气中，纯碱晶体逐渐变为粉末，这种现象是__C__。
　A. 干馏　　B. 潮解　　C. 风化　　D. 挥发

104. 与缓冲溶液的缓冲容量大小有关的因素是__B__。
　A. 缓冲溶液的 pH 范围　B. 缓冲溶液的总浓度
　C. 外加的酸量　　　　　D. 外加的碱量

105. 下列物质属于纯净物的是__A__。
　A. 2，3，3-三甲基辛烷　B. 石油
　C. 三等　　　　　　　　D. 四等

106. 容量仪器一般分成__B__。
　A. 一等　　B. 二等　　C. 三等　　D. 四等

107. 人眼能感觉到光称为可见光，其波长范围是__A__。
　A. 400～780nm　　　　B. 200～400nm
　C. 200～600nm　　　　D. 400～780μm

108. 在分光光度法中，宜选用的吸光度读数范围为__D__。

A.0~0.2　　　　　　B.0.1~0.3
C.0.3~1.0　　　　　D.0.2~0.7

109．在配制高锰酸钾标准溶液时，煮沸高锰酸钾溶液的目的是__C__。

A．杀菌

B．赶走二氧化碳

C．加速高锰酸钾与还原剂作用

D．为了使高锰酸钾溶解

110．下列论述中，有效数字位数正确的是__A__。

A．$[H^+]=3.24\times10^{-2}$（3位）

B．pH=3.24（3位）

C．0.2460（3位）

D．0.015（4位）

111．下列离子中还原性最强的是__A__。

A．Br^-　　B．Cl^-　　C．F^-　　D．Na^+

112．下列论述中错误的是__C__。

A．方法误差属于系统误差

B．系统误差又称可测误差

C．系统误差呈正态分布

D．都错了

113．标准的可靠性直接决定分析结果的__C__。

A．精密度　　　　　B．偏差

C．准确度　　　　　D．前三种都不是

114．扬程与水泵的转速__C__。

A．成正比　　　　　B．成反比

C．平方成正比　　　D．无关

115．当填写原始记录，数据写错时__B__。

A. 用橡皮擦掉，重写
B. 在错的数据上划两条线，签好名再重写
C. 用涂改液涂掉，再重写
D. 换张新的记录重新写

116. 氧气钢瓶的颜色为__B__。
 A. 红色　　B. 蓝色　　C. 灰色　　D. 黑色

117. 在滴定分析中出现下列情况，哪种导致系统误差__A__。
 A. 所用试剂中含有干扰离子
 B. 试剂未经充分混匀
 C. 滴定管的读数读错
 D. 滴定时有液滴溅出

118. 下列物质中可用于直接配制标准溶液的是__C__。
 A. 固体氢氧化钠（G.R）
 B. 浓盐酸（G.R）
 C. 固体重铬酸钾（G.R）
 D. 固体硫化硫酸钠（A.R）

119. 曝气池的溶解氧最好控制在__D__。
 A. 0.5mg/L　　　　B. 越多越好
 C. 根据进水浓度而定　D. 0.5~3mg/L左右

120. 下集水井工作时所用照明电压为__D__。
 A. 42V　　B. 36V　　C. 24V　　D. 12V及其以下

121. 安全带至少要经得起多少重砂袋冲击试验__A__。
 A. 120kg　　B. 150kg　　C. 240kg　　D. 300kg

122. 硫化氢监测报警仪当验明工作场所的硫化氢浓度低于多少时工作人员方可进入工作场所__C__。
 A. 3ppm　　B. 5ppm　　C. 7ppm　　D. 100ppm

123. 对无心跳无呼吸触电假死患者应采何种方法急救 __D__ 。

A．送医院

B．胸外挤压法

C．人工呼吸法

D．人工呼吸法和胸外挤压法同时

124. 在下列反应中，水作为氧化剂的是 __C__ 。

A. $K_2O + H_2O \longrightarrow 2KOH$

B. $CO_2 + H_2O \longrightarrow H_2CO_3$

C. $3Fe + 4H_2O \xrightarrow{\text{高温}} Fe_3O_4 + 4H_2$

D. $2H_2 + O_2 \xrightarrow{\text{点燃}} 2H_2O$

125. 下列说法中，正确的是 __D__ 。

A．凡是生成盐和水的反应都是中和反应

B．凡是生成两种或两种以上物质的反应都是分解反应

C．凡是有盐参加的反应都是复分解反应

D．凡是有氧气参加的反应都是氧化反应

（三）计算题

1. 回归方程的计算

用新铜试剂法测定铜的吸光度如下：

Cu 含量 X	0.000	0.040	0.100	0.200	0.300	0.400	0.600
吸光度 Y	0.000	0.042	0.086	0.162	0.234	0.292	0.437

建立回归方程，求出相关系数。

【解】

$\Sigma X = 1.640 \quad \Sigma Y = 1.253$

$$\overline{X} = 0.234 \qquad \overline{Y} = 0.179 \qquad n = 7$$

$$\Sigma X^2 = 0.662 \quad \Sigma Y^2 = 0.366 \quad \Sigma XY = 0.492$$

$$(\Sigma X)^2/n = 0.384 \qquad (\Sigma Y)^2/n = 0.224$$

$$(\Sigma X)(\Sigma Y)/n = 0.294$$

$$I_{XX} = 0.278 \qquad I_{YY} = 0.142 \qquad I_{XY} = 0.198$$

$$b = \frac{I_{XY}}{I_{XX}} = \frac{0.198}{0.278} = 0.712$$

$$a = \overline{Y} - b\overline{X} = 0.179 - 0.712 \times 0.234 = 0.012$$

$$Y = 0.012 + 0.712X$$

$$\gamma = \frac{I_{XY}}{(I_{XX}I_{YY})^{\frac{1}{2}}} = \frac{0.198}{(0.278 \times 0.142)^{\frac{1}{2}}} = 0.9965$$

2. 某试样中铝的百分含量的测定值为 1.62，1.60，1.30，1.22。计算平均值的平均偏差（$\overline{d}_x$）及标准偏差（$S_{\overline{x}}$）

【解】

$$\because \quad X = 1.44\% \qquad \overline{d} = 0.18\% \qquad S = 0.20\%$$

$$\therefore \quad \overline{d}_{\overline{x}} = \frac{\overline{d}}{(n)^{\frac{1}{2}}} = 0.09\%$$

$$S_{\overline{x}} = \frac{S}{1/2} = 0.10\%$$

3. 当苯与溴起取代反应时，将生成的溴化氢全部通过含有过量硝酸银的溶液，生成溴化银沉淀 9.389g，问有多少克苯与溴起反应？生成的溴苯是多少克？（溴化银分子量为 188，苯的分子量为 78，溴苯的分子量为 157）

【解】 苯 + 溴 $\xrightarrow[\triangle]{催化剂}$ 溴苯 + 溴化氢

溴化氢 + 硝酸根 —→ 溴化银↓ + 硝酸

∵ 生成溴化银沉淀的摩尔数 = $\dfrac{9.389}{188}$ = 0.05mol

又∵ 苯:溴苯:溴化银 = 1:1:1

∴ 苯的摩尔数 = 溴苯的摩尔数 = 溴化银的摩尔数 = 0.05mol

即：苯的量 = 0.05 × 78 = 3.9g

溴苯的量 = 0.05 × 157 = 7.85g

答：有 3.9g 的苯与溴反应，生成的溴苯是 7.85g。

4. 测定某药物中钴的含量（mg/L）得结果如下：1.25，1.27，1.31，1.40。试问 1.40 这个数据应否保留？

【解】 首先不计可疑值，求得其余数据的平均值 $\overline{X}$ 和平均偏差 $\overline{d}$

$$\overline{X} = 1.28 \quad \overline{d} = 0.023$$

可疑值与平均值差的绝对值为

|1.40 − 1.28| = 0.12 > 4$\overline{d}$ （0.092）

故 1.40 这一数据应舍去。

5. 5 个实验室分析同一样品，各实验室 10 次测定的平均值分别为 20.30，20.39，20.40，20.41，20.43。检验最小均值 20.30 是否为离群值（$T_{0.05} = 1.67$）？

【解】 $\overline{\overline{X}} = \dfrac{1}{5} \times \sum\limits_{i=1}^{5} \overline{X}_i = 20.39$

$S_{\overline{X}} = \left(\dfrac{1}{n-1} \sum\limits_{i=1}^{n} (\overline{X}_i - \overline{\overline{X}})^2 \right)^{1/2}$

$T = \dfrac{\overline{\overline{X}} - \overline{X}_{\min}}{S_{\overline{X}}} = \dfrac{20.39 - 20.30}{0.05} = 1.80$

∵ $T_{0.05} = 1.67 < T = 1.80$

∴ 20.30 为离群均值。

答：均值为 20.30 的一组测定值应剔除，它是离群均值。

6. 有一个气液色谱柱，长 2m，当载气流速为 15mL/min 时，相当的理论塔板数 $N = 2450$，而在载气流速为 40mL/min 时，相当的理论塔板数 $N = 2200$。（1）最佳流速为多少？（2）在最佳流速时色谱柱的理论塔板数为多少？

【解】 （1）流速 15mL/min 时：

$$\text{塔板高度 } H_1 = \frac{L}{N_1} = \frac{2000}{2450} = 0.816 \text{mm}$$

流速 40mL/min 时：

$$\text{塔板高度 } H_2 = \frac{L}{N_2} = \frac{2000}{2200} = 0.909 \text{mm}$$

∵ $$H = \frac{B}{u} + C_u$$

∴ $0.816 = \frac{B}{15} + 15C$ 即：$B = 8.3$，$C = 0.0175$

$0.909 = \frac{B}{40} + 40C$

u（最佳）$= (B/C)^{1/2} = (8.3/0.0175)^{1/2}$
$= 21.8 \text{mL/min}$

（2）最佳流速时的塔板高度：

$$H = \frac{B}{u} + C_u = \frac{8.3}{21.8} + 0.0175 \times 21.8 = 0.763 \text{mm}$$

最佳流速时的理论塔板数：

$$N = \frac{L}{H} = \frac{2000}{0.763} \approx 2.6 \times 10\text{E} + 3$$

7. 在 200g10% 的食盐溶液中加入多少克食盐，才能使溶液的浓度变为20%。

【解】 食盐溶液中加入 x 克食盐,才能使溶液的浓度变为20%

$$20\% = \frac{X + 200 \times 10\%}{200}$$

$$X = 20g$$

8. 欲配制 0.5000NHCl 溶液,现有 0.4920NHCl 溶液 1000mL,应加入 1.021NHCl 溶液多少毫升?

【解】 设加浓 HCl 体积 V

∵ $\qquad N_浓 V_浓 + N_稀 V_稀 = N_中 V_中$

∴ $\quad 1.021 \times V + 0.4920 \times 1000 = 0.5000(1000 + V)$

$$1.021V + 492.0 = 500.0 + 0.5000V$$

$$V = \frac{500.0 - 492.0}{0.521} = 15.36$$

∴ $\qquad V = 15.36 \text{mL}$

9. 称取 K_2CO_3 1.000g 溶于水,用 0.4000N HCl 滴定用去 35.00mL,问试样中纯 K_2CO_3 含量及百分含量?($K_2CO_3 = 138$)

【解】

∵ $\qquad NV = \frac{W}{E} \times 1000$

∴ $\quad 0.4000 \times 35.00 = \frac{W}{138/2} \times 1000$

$$W = \frac{0.4000 \times 35.00 \times 69}{1000} = 0.966g$$

$$百分含量 = \frac{0.966}{1} \times 100\% = 96.6\%$$

10. 取出在 10℃时饱和的硝酸钠溶液 50g，把它蒸干，得到硝酸钠晶体 22.3g，问 10℃时 NaNO$_3$ 在水中的溶解度。

【解】 50g 溶液中含 H$_2$O 为 x 克

$$x + 22.3 = 50$$
$$x = 50 - 22.3 = 27.7$$

设溶解度为 y

则
$$27.7 : 22.3 = 100 : y$$
$$y = \frac{100 \times 22.3}{27.7} = 80.5g$$

11. 今有硝酸银样品 10.75g，经化学分析结果，其中含银 6.35g，求此硝酸银样品中含杂质的百分数？（AgNO$_3$ = 108）

【解】 设纯净的 AgNO$_3$ 为 x 克

$$108 : 6.35 = 170 : x$$
$$x = \frac{6.35 \times 170}{108} = 10.0g$$
$$10.75 - 10.0 = 0.75g$$
$$\frac{0.75}{10.75} \times 100\% = 6.98\%$$

12. 30℃时，112.5g KNO$_3$ 饱和溶液中，含 KNO$_3$ 37.5g；
(1) 求 KNO$_3$ 在该温度时的溶解度？
(2) 如果把该溶液冷却至 0℃，可析出 KNO$_3$ 晶体多少克？（0℃时 KNO$_3$ 溶解度是 30g）

【解】 (1) $(112.5 - 37.5) : 37.5 = 100 : x$

$$x = \frac{37.5 \times 100}{(112.5 - 37.5)} = 50g$$

(2) $100:30 = (112.5-37.5):y$

$$y = \frac{30(112.5-37.5)}{100} = 22.5\text{g}$$

$$50 - 22.5 = 15\text{g}$$

13. 从二氧化碳的分子式，44g CO_2 中含多少克碳？多少克氧？各是几摩尔？如在标准状况下，它的体积是多少？

【解】 44g CO_2 中含有 12g 碳，32g 氧，C 是 1mol，O 是 2mol，在标准状况下，它的体积是 22.4L。

14. 在碳酸钠的结晶水合物里含有 62.94% 求碳酸钠晶体中含结晶水的数值？（$Na_2CO_3 = 106$；$H_2O = 18$）

【解】 设含 x 结晶水

$$\frac{H_2O}{Na_2CO_3 + H_2O} \times 100\% = 62.94\%$$

$$\frac{x}{106+x} = 0.6294$$

$$x = 0.6294(106+x)$$

$$x = 66.7164 + 0.6294x$$

$$0.3706x = 66.7164$$

$$x = 180$$

$$\frac{180}{18} = 110 \text{（结晶水）}$$

15. 现有 $Ca(OH)_2$ 和 NH_4Cl 各 15g，可制得多少升氨气（S.P.T）？如果把制得的氨气配成 50mL 氨水，求这种溶液的摩尔浓度。

【解】 设可制得 x 升气

$$Ca(OH)_2 + 2NH_4Cl = CaCl_2 + 2NH_3 + 2H_2O$$

$$\frac{107}{15} \qquad\qquad\qquad \frac{34}{y}$$

$$y = \frac{15 \times 34}{107} = 4.77\text{g}$$

得 NH_3 的摩尔数 $= 4.77/17 = 0.28\text{mol}$

$$x = 0.28 \times 22.4 = 6.27\text{L}$$

摩尔浓度 $= 0.28/0.5 = 0.56\text{mol}$

(四) 简答题

1. 污水厂水质指标有什么用途？

答：(1) 提供水质数据，反应生产情况。

(2) 对整个工艺运转监督和保证正常运转作用。

(3) 积累历史性资料，促进环保工作。

2. 气相色谱的基本原理是什么？试以气固色谱（GSC）为例说明之。

答：其基本原理是不同组分在两相间的反复分配过程。例如：GSC 是利用被分析物质在固定相上的吸附能力不同，在吸附—脱附反复过程中吸附能力较差的组分先流出达到分离的目的。

3. 用石墨炉原子吸收法测定 Cu、Zn、Pb、Cd 时，为什么不能用盐酸介质？

答：因为它们的氯化物在灰化阶段容易挥发。

4. 减少随机误差有哪三种办法？

答：(1) 按照分析操作规程正确操作；

(2) 严格控制实验条件；

(3) 增加测量次数。

5. 校正曲线包括哪两种？它们有什么不同？在环境监测分析中通常规定校正曲线的相关系数是多少？

答：包括标准曲线和工作曲线。

标准曲线：绘制校准曲线所用的标准溶液的分析步骤与

样品分析步骤相比有所省略，一般省略样品的前处理过程。

工作曲线：绘制校正曲线的标准溶液的分析步骤与样品的分析步骤完全相同。

通常要求校准曲线的相关系数大于 0.999。

6. 什么是缓冲溶液？

答：能抵抗外来少量酸碱而保持溶液中 pH 不易改变的作用称为缓冲溶液。

7. 简述冷原子吸收法测定水中汞的原理。

答：用还原剂将溶液中的汞还原成汞原子，用载气将汞原子蒸气送入吸收池，汞原子蒸气对波长 235.7nm 的紫外光具有选择性吸收作用，在一定范围内，吸收值与汞蒸气浓度成正比。

8. 用火焰原子吸收法测定废水中金属元素，如何检查是否存在基体干扰。

答：观察校准曲线与标准加入法曲线斜率是否一致。

9. 最常用的质量控制图有哪三种？

答：有三种类型：（1）平均值 X 控制图；（2）极差 R 控制图；（3）标准偏差 σ 控制图。

10. 符合正态分布的随机误差有哪四种特性？

答：有单峰性、对称性、有界性和抵偿性。

11. 写出校准曲线的线性回归方程的数学表达式。与此方程有关的 a、b、r、s 值各表示什么含义？

答：$y = a + bx$

a 为方程的截距；

b 为斜率（即方法的灵敏度）；

s 为剩余标准偏差；

r 为相关系数。

12. 讲出两种丝状菌的名称。

答：硫丝细菌，球衣细菌，贝丝硫细菌。

13. 什么叫原子的共振吸收？试以钠元素为例说明之。

答：原子的共振吸收是指基态原子对特征波长谱线的吸收。例如基态钠原子对钠的光谱线 5890Å 或 5896Å 的吸收作用。

14. 什么是紫外分光光度法？

答：在紫外光区（波长＜370nm）测定样品溶液或加一定显色剂的样品溶液的吸光度。

15. 减少系统误差有哪四种方法？

答：（1）进行仪器校准；（2）空白实验；（3）对照分析；（4）回收实验。

16. 利用酸碱质子理论回答：

（1）酸碱定义；（2）酸碱反应；（3）酸碱强度。

答：定义：酸——凡能给出 H^+ 的物质；

　　　　碱——凡能接受 H^+ 的物质；

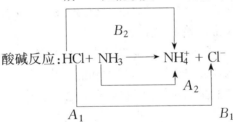

酸碱强度：（1）共轭酸碱对酸碱强弱；（2）与本性有关外，还与溶剂有关，但比较不同的酸或碱的强弱必须在相同溶剂中比较。

17. 如何判别进水中有工业废水进入？

答：（1）观察进水颜色；（2）判别进水的气味；（3）用

pH试纸马上测定;(4)取水样送化验室化验。

18. 滴定分析法化学反应的要求如何?

【解】 (1)定量分析,无副反应发生,要求定量指标$\geqslant 99.9\%$。

(2)反应迅速,其指标是反应速度与滴定速度相适应;

(3)有确定化学计量点的滴定方法,即确定指示剂。

19. 什么是金属指示剂,使用时应具备什么条件?

答:金属指示剂是一种有机络合剂,与金属离子形成有色络合物,其颜色与游离的指示剂的颜色不同,因而它能因溶液中金属离子浓度的变化而变化,具备如下条件:

(1)在使用pH范围内变色敏锐;

(2)指示剂与金属σ形成的有色络合物应有一定的稳定性;

(3)指示剂与金属离子形成的络合物易溶于水。

20. 在$CuSO_4$ $Fe_2O(SO_4)_3$的混和液中,投入一小块钠,反应结束,现在试管底部的物质是什么?写出有关化学方程式。

答:∵ Na是一个活泼的金属,当放入上述的混合液中,它碰到H_2O就先反应。

∴ $2NaOH + 2H_2O = 2NaOH + H_2\uparrow$

$2NaOH + GuSO_4 = Na_2SO_4 + Cu(OH)_2\downarrow$

$6NaOH + Fe_2(SO_4)_3 = 3Na_2SO_4 + 2Fe(OH)_3\downarrow$

21. 氢氧化钠溶液露置在空气里时间久了,如果滴入盐酸时,就有气泡出现,为什么?写出有关化学方程式。

答:∵ NaOH放置空气中与CO_2作用,生成Na_2CO_3,再滴入HCl就产生气体

∴ 产生气泡

$2NaOH + CO_2 = Na_2CO_3 + H_2O$

$Na_2CO_3 + 2HCl = 2NaCl + CO_2\uparrow + H_2O$

22．为什么胶体颗粒不易依靠重力而下沉？

答：胶体颗粒直径在 $0.1\sim 0.001\mu m$ 是许多分子和离子的集合体，其表面常因吸附多量离子而带电，使同类胶体同性相斥，在水中不能粘在一起，使这些胶粒不能依靠重力而下沉。

23．水污染对人体危害有哪三种情况？

答：（1）水中含有致病微生物，成为传染病的媒介

（2）水中各种化学有毒物质引起人体急性或慢性中毒

（3）水体污染，可引起人的感管性状恶化

24．电位分析法的依据、特点？

答：电位分析法的依据：电化学原理。

特点：使被测试剂成为化学电池的一部分。

25．什么是参比电极、指示电极？

答：当温度一定时，在测量过程中，其电极电位保持恒定不变，称参比电极。一个能反映氢离子浓度变化的电极称指示电极。

26．何谓水体自净，食物链？

答：污染物质排入水体以后，使水体中的物质组成发生了变化，破坏了原有物质的平衡，同时污染物质也参于了物质转化和循环过程，在经过一系列物理、化学、物理化学、生物化学反应以后，污染物质被分离分解，当恢复到原来状态时，这个过程称水体自净。

生物群落中各种植物由于食物的关系形成的一种联系称

食物链。

27. 检验废水水质指标的目的是什么？

答：检验目的（1）研究和控制废水综合利用的方法和过程

（2）研究废水同接受废水的水体间（农用）的矛盾

（3）检查和控制水处理构筑物的工作和效果

28. 污泥浓度的定义，它由那几部分组成，与 MLVSS 的关系如何？

答：污泥浓度定义：单位体积活泥污泥内所有活性污泥干的重量组成

（1）具有活性的微生物；（2）没有活性的微生物；（3）没有被微生物氧化的有机物；（4）无机物

MLSS 是指整个污泥浓度部分，而 MLVSS 是挥发性悬浮固体，$VSS = 0.75SS$

29. 简述原子吸收的定义、组成部分？

答：从光源辐射出具有待测元素，特征的谱线的光，被基态待测元素原子吸收，然后从光的减弱程度来确定待测元素的含量或浓度的方法。

组成部分：（1）光源；（3）原子化器；（3）分光系统；（4）检测器

30. 光的吸收定律及其数学表达式？

答：朗伯——比耳定律

$$A = L_g \frac{I_o}{I} = abc$$

$$= 吸光系数 \times 液层厚度 \times 溶液浓度$$

实际操作部分

1．试题：用火焰原子吸收光谱法测铜

考核项目及评分标准

序号	操作内容	满分	扣分	得分
1	使用器具的预处理	3		
2	根据水样浓度，确定取样量	5		
3	取样，摇匀，精确	2		
4	预处理：（1）浓缩（4分）；（2）消化（4分）；（3）两次加酸的正确率（4分）；（4）溶解过滤（4分）；（5）定容（4分）	20		
5	仪器操作严格按制造厂提供的操作手册进行。选择测定条件	15		
6	配制相应的标准溶液系列	10		
7	仪器用空白调零，等待仪器的零点稳定	10		
8	做工作曲线，曲线线性	10		
9	测已预处理过的样品，结果	10		
10	钢瓶气体的正确使用	5		
11	安全操作	5		
12	按时完成	5		
13	合计	100		

2．试题：用火焰原子吸收光谱法测锰

考核项目及评分标准

序号	操作内容	满分	扣分	得分
1	使用器具的预处理	3		
2	根据水样浓度，确定取样量	5		
3	取样，摇匀，精确	2		
4	预处理：（1）浓缩（4分）；（2）消化（4分）；（3）两次加酸的正确率（4分）；（4）溶解过滤（4分）；（5）定容（4分）	20		

续表

序号	操作内容	满分	扣分	得分
5	仪器操作严格按制造厂提供的操作手册进行。选择测定条件	15		
6	配制相应的标准溶液系列	10		
7	仪器用空白调零,等待仪器的零点稳定	10		
8	做工作曲线,曲线线性	10		
9	测已预处理过的样品,结果	10		
10	钢瓶气体的正确使用	5		
11	安全操作	5		
12	按时完成	5		
13	合计	100		

3．试题：用火焰原子吸收光谱法测镉

考核项目及评分标准

序号	操作内容	满分	扣分现象	得分
1	使用器具的预处理	3		
2	根据水样浓度,确定取样量	5		
3	取样,摇匀,精确	2		
4	预处理：(1) 浓缩；(4分)；(2) 消化 (4分)；(3) 两次加酸的正确率 (4分)；(4) 溶解过滤 (4分)；(5) 定容 (4分)	20		
5	仪器操作严格按制造厂提供的操作手册进行。选择测定条件	15		
6	配制相应的标准溶液系列	10		
7	仪器用空白调零,等待仪器的零点稳定	10		

续表

序号	操作内容	满分	扣分现象	得分
8	做工作曲线,曲线线性	10		
9	测已预处理过的样品,结果	10		
10	钢瓶气体的正确使用	5		
11	安全操作	5		
12	按时完成	5		
13	合计	100		

4. 试题：挥发酚的测定

考核项目及评分标准

序号	操作内容	满分	扣分	得分
1	根据水样浓度确定取样量	10		
2	加试剂药品顺序正确	10		
3	干扰的排除	5		
4	空白试验	5		
5	控制加热蒸馏时间	10		
6	控制显色及萃取	10		
7	仪器调零及满度、选波长标准比色皿	5		
8	正确读出吸光值,及时记录	10		
9	仪器复原	5		
10	曲线线性	10		
11	分析结果的表述	10		
12	安全操作	10		
13	按时完成	10		
合计		100		

5．试题：六价铬的测定

考核项目及评分标准

序号	操作内容	满分	扣分	得分
1	取样准确	5		
2	加试剂药品顺序正确	10		
3	空白试验	10		
4	调节 pH 及样品的处理	10		
5	仪器调零及满度、选波长标准比色皿	10		
6	正确读出吸光值，及时记录	10		
7	仪器复原	5		
8	曲线线性	10		
9	分析结果的表述	10		
10	安全操作	10		
11	按时完成	10		
合计		100		

6．试题：总磷的测定（分光光度法）

考核项目及评分标准

序号	操作内容	满分	扣分	得分
1	根据水样浓度确定取样量	10		
2	加试剂药品顺序正确	10		
3	控制加热时间（消解）	10		
4	调节 pH	5		
5	用水定容至 50mL 后摇匀	5		
6	仪器调零及满度、选波长校准比色皿	10		

续表

序号	操作内容	满分	扣分	得分
7	至少测6点浓度（包括空白）	5		
8	倾入溶液为皿的2/3，并注意皿方向性	5		
9	正确读出吸光值，及时记录	5		
10	仪器复原	5		
11	曲线线性	10		
12	分析结果的表述	10		
13	安全操作	5		
14	按时完成	5		
合计		100		

7．试题：总氮的测定（蒸馏后滴定法）

考核项目及评分标准

序号	操作内容	满分	扣分	得分
1	根据水样浓度确定取样量	10		
2	加试剂药品顺序正确	10		
3	控制加热时间（消解）	10		
4	加药量准确，控制消解终点	10		
5	掌握蒸馏氮全部蒸出为止	15		
6	滴定熟练流速准确，掌握终点好	10		
7	滴定前后读数正确及时记录	10		
8	公式及计算结果准确	10		
9	安全操作	5		
10	按时完成	10		
合计		100		

8. 试题：硫化物的测定

考核项目及评分标准

序号	操作内容	满分	扣分	得分
1	取样准确	5		
2	加试剂药品顺序正确	10		
3	正确使用分液漏斗及蒸馏器	10		
4	控制蒸馏时间	10		
5	仪器调零及满度、选波长校准比色皿	5		
6	至少测7点浓度（包括空白）	10		
7	正确读出吸光值及时记录	10		
8	仪器复原	5		
9	曲线线性	10		
10	分析结果的表述	10		
11	安全操作	10		
12	按时完成	5		
合计		100		

9. 试题：全压起动线路排故

考核项目及评分标准

序号	操作内容	满分	扣分	得分
1	未能正确排除故障每处扣30%	30		
2	检查线路顺序不正确扣20%～30%	30		
3	不能正确使用万用表扣10%～20%	10		
4	违反电工操作规程扣20%～30%	30		
5	超时不能排除故障不得分			
合计		100		